U0155303

3小时读懂你身边的物理

[日] 左卷健男 编著　吴洁 译

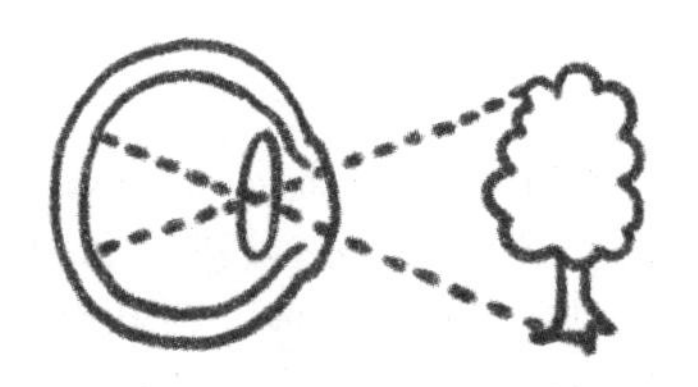

北京时代华文书局

图书在版编目（CIP）数据

3 小时读懂你身边的物理 /（日）左卷健男编著；吴洁译．— 北京：北京时代华文书局，2022.6

ISBN 978-7-5699-4573-7

Ⅰ．① 3… Ⅱ．①左… ②吴… Ⅲ．①物理学－普及读物 Ⅳ．① 04-49

中国版本图书馆 CIP 数据核字（2022）第 047183 号

北京市版权局著作权合同登记号 图字：01-2021-3979

ZUKAI MIDIKANIAFURERU‘BUTSURI’GA3JIKANDEWAKARUHON

First published in Japan in 2020 by ASUKA Publishing Inc.
Simplified Chinese translation rights arranged with ASUKA Publishing Inc.
through CREEK & RIVER CO.,LTD. and CREEK & RIVER SHANGHAI CO., Ltd.

3 小时读懂你身边的物理
3 XIAOSHI DUDONG NI SHENBIAN DE WULI

编 著 者 | [日] 左卷健男
译 者 | 吴 洁

出 版 人 | 陈 涛
策划编辑 | 邢 楠
责任编辑 | 邢 楠
执行编辑 | 洪丹琦
责任校对 | 张彦翔
装帧设计 | 孙丽莉 段文辉
责任印制 | 訾 敬

出版发行 | 北京时代华文书局 http://www.bjsdsj.com.cn
北京市东城区安定门外大街 138 号皇城国际大厦 A 座 8 层
邮编：100011 电话：010－64263661 64261528
印 刷 | 三河市航远印刷有限公司 电话：0316－3136836
（如发现印装质量问题，请与印刷厂联系调换）
开 本 | 880 mm × 1230 mm 1/32 印 张 | 7.5 字 数 | 191 千字
版 次 | 2022 年 8 月第 1 版 印 次 | 2022 年 8 月第 1 次印刷
成品尺寸 | 145 mm × 210 mm
定 价 | 46.80 元

写给读者的信

写这本书的时候，我希望我的读者是这样的：

· 想要了解身边的物理知识。
· 想要轻松地了解日常生活中有用的、有趣的物理知识。
· 想要从物理的角度看待生活中的现象，培养自己的物理思维，也就是所谓的“物理审美”。

物理（学）是自然科学之王，可以说我们身边的所有现象都和物理规律密切相关。

我们从起床到入睡，时时刻刻都与物理相伴。重力、摩擦力、各种电器的构造、行走或搬东西的人、体育运动……生活中物理无处不在。

我们学的理科，包括物理、化学、生物，可能最令人讨厌的就是物理。因为物理太过抽象，一个接一个的公式和计算题让我们很难有“学会了”的成就感。物理看起来和我们的生活及人生并没有什么关系，所以许多人一毕业就想和物理说永别。

本书的目标读者就是那些虽然看见物理就头疼，但是又有求知欲，希望能从物理的角度分析身边现象、拓展自身思维的人。

书中尽量避免或者减少了公式和计算的出现，毕竟这本书并不是为了考试而作，而是为了满足各位读者单纯的求知欲。希望大家能够通过阅读本书，了解身边各种现象以及日常生活中使用的现代器具的运作原理，并从中得到乐趣。

我们的作者都有在小学、初中、高中甚至大学里教授物理的经验，所以我们致力于用简明易懂的方式，为大家讲述生活中存在的、让人意想不到的物理知识。

如果这本书能让大家觉得“物理真的非常有趣”，并且能成为大家进一步接触物理的契机，那我们将不胜荣幸。

最后，我要对明日香出版社的编辑田中裕也先生表示感谢，田中先生是本系列拙作的首位读者，同时也是一位不擅长理科的读者，他为本书的编辑提供了很大的帮助。

作者代表 左卷健男

目录

第一章　视觉和听觉中的物理

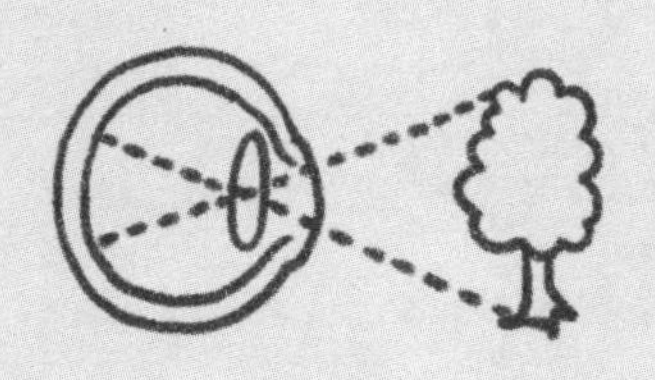

第二章　街头和宇宙中的物理

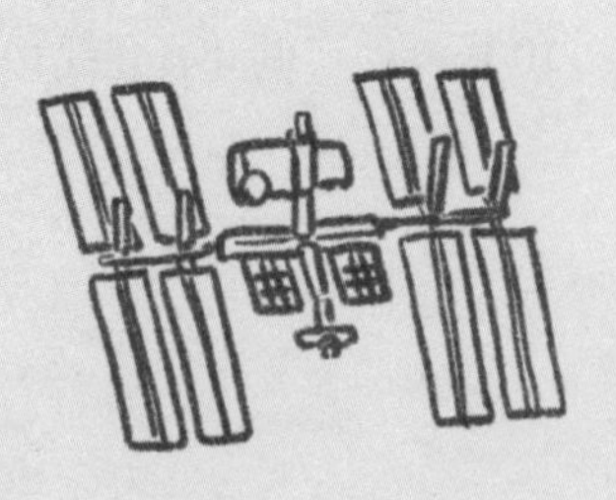

第三章　舒适生活中的物理

第四章　电灯和家电中的物理

第五章　生活安全中的物理

第六章　人体和体育运动中的物理

第七章　“球技”中的物理

第一章

视觉和听觉中的物理

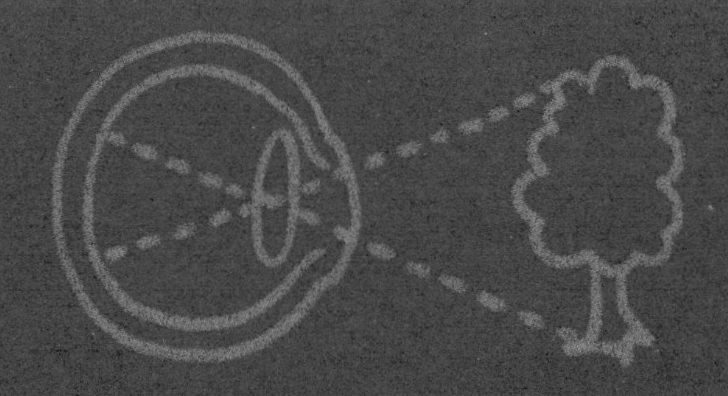

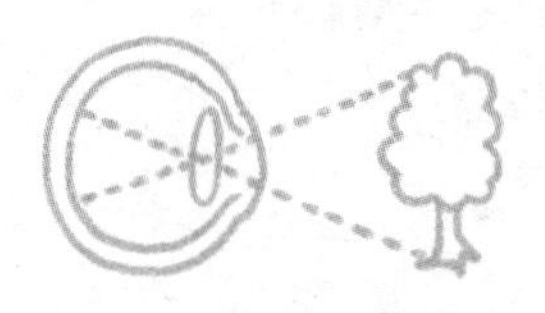

01 有的声音居然只有年轻人才能听到

每个年龄段的人能听见的音高也就是音调都会有细微的差异。为此有的年轻人甚至会把不在成年人听力范围内的声音设为手机铃声。

◎ 能引起人耳听觉反应的声音

大家知道击鼓的时候，鼓周围的物体也会跟着鼓面一起振动吗？这是因为鼓面的振动会引起空气的振动，而空气的振动又会带动周围物体的振动[①]。

当然我们的耳膜也会跟着振动，这些振动的信号最终会通过神经传递给大脑，被人以声音的形式感知。

鼓皮振动时会挤压和牵动空气，使空气产生疏密变化，空气的疏密对应着空气密度的大小。因为声音在空气中就是通过空气的疏密变化来传播的，所以将这种波命名为疏密波（见图 1–1）。

---

① 声音不仅在空气中，还在固体和液体中以疏密波的形式传递。

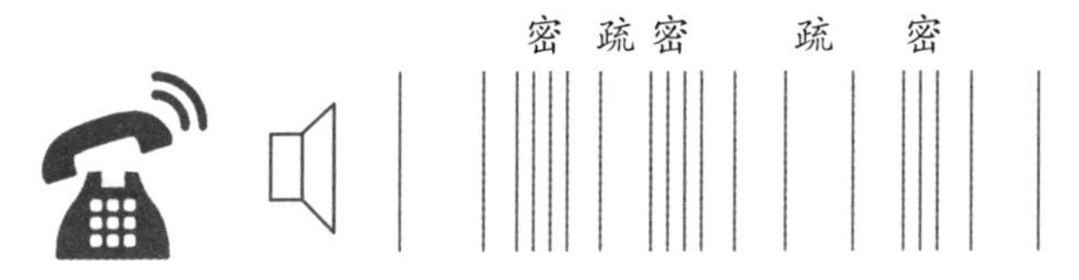

图 1–1 疏密波

发出声音的物体在 1 秒内的振动次数叫作频率，振动幅度叫作振幅（见图 1–2）。频率的单位是赫兹（Hz）[①]。

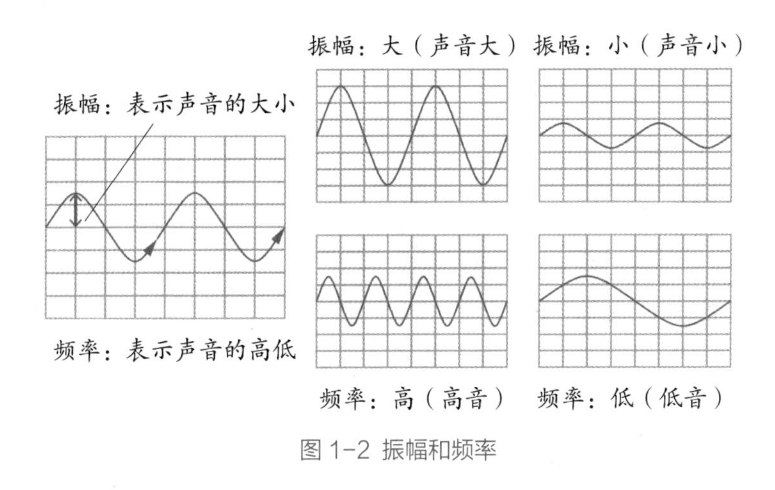

图 1–2 振幅和频率

蜜蜂的翅膀每秒振动 200 次，所以频率为 200 Hz；蚊子的翅

① 频率的单位赫兹（Hz），以德国物理学家海因里希·鲁道夫·赫兹（1857—1894）的名字命名。1888 年赫兹证明了麦克斯韦提出的电磁波的存在，名声大噪。但是他没能看到通信技术的发展，36 岁便英年早逝。

膀每秒振动 500 次，所以频率为 500 Hz。频率越高则音调越高，所以蚊子的嗡嗡声音调更高。

声音的大小由发声体的振幅决定，振幅越大则声音越大。

◎我们能听见的声音处于什么范围

个体和年龄不同，能听到的最高音和最低音都会略有差异，但是成人基本都在 20 ~ 20,000 Hz 之间。超出这个范围的声音，无论振幅多大，我们都听不到。

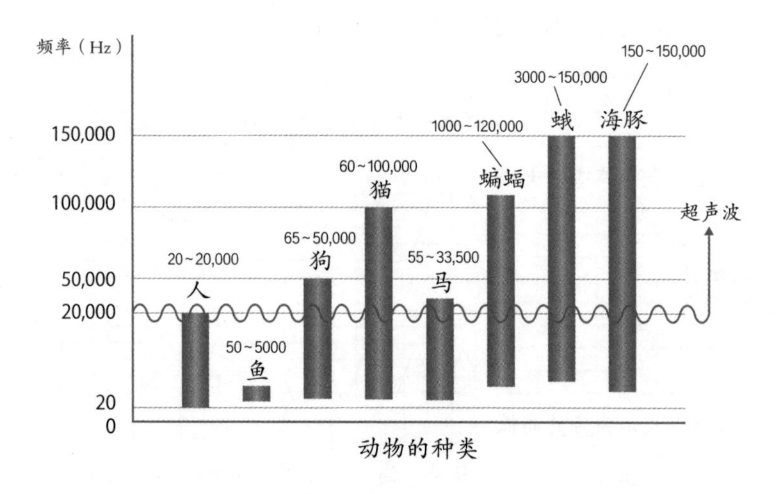

图 1–3 听力频率

一般来说，婴儿能够听到的最高音调高于成人，大概能达到 50,000 Hz。狗能分辨 50,000 Hz 的声音，猫能分辨 100,000 Hz 的声音。（见图 1–3）

◎年龄变大后，有的声音就听不见了

随着年龄变大，听力退化，人慢慢地会听不到一些高音。据说 30 岁以上的人就难以听到 17,000 Hz 左右的声音。英国威尔士的霍华德·斯特普尔顿研发出一种叫“蚊音器”的装置，可以发出青少年能听到但成年人听不到的高音，他还因此获得 2006 年搞笑诺贝尔奖。

有一种音响能播放 17,000 Hz 的高音，这种音响是厂家特意为商家开发的。因为这个频段的声音只有年轻人才能听到，所以有的音响店会用这种音响播放“蚊音”，专门用来驱散半夜聚集在店门口的年轻人。还有的学生会故意把来电铃声设置成“蚊音”，以免上课的时候被老师听到。

◎超声波的应用

超声波指的是频率超过 20,000 Hz，人耳听不见的声音。一些动物，例如蝙蝠和海豚就要依赖超声波生活。蝙蝠每秒会发出 10 到 20 次频率高达 20,000 ~ 100,000 Hz 的尖锐叫声，每一声只持续数毫秒，甚至更短。之后蝙蝠通过接收回声，来判断黑暗中障碍物的位置并灵活躲避，它们也通过这种方式来捕捉蚊子等小猎物。利用这个方法就算是在黑暗的洞窟或者是广阔的海洋中，也可以准确掌握周围的情况。

在我们的生活中，超声波的应用非常广泛。在水中发出超声波，可以通过回声探测海底的深度，也可以像图 1–4 一样，用于

鱼群探测仪，此外还可以用于超声波清洗机[①]等。

超声波也可用于人体器官、组织的检查，以及工件或材料内部的探伤。这种超声波探伤也叫作无损伤探测，它能以一种无损伤的方式，检测被检对象内部伤痕的长度和形状等。

图 1–4 鱼群探测仪

① 将物品浸泡在超声波通过的液体中，使用 20,000—50,000 Hz 的超声波进行振动清洗的设备叫作超声波清洗机，常见于眼镜店。

02 红外线和紫外线的作用是什么

人类肉眼可见的光叫作可见光，在光谱中只占很小的一部分。所有的光都属于电磁波，除可见光之外，电磁波还包括无线电波、红外线、紫外线、微波、X射线和γ射线。

◎可见光和其他光

使用三棱镜折射太阳光，就会看到颜色从红到紫的光带，这些光就是可见光（见图 1–5）。

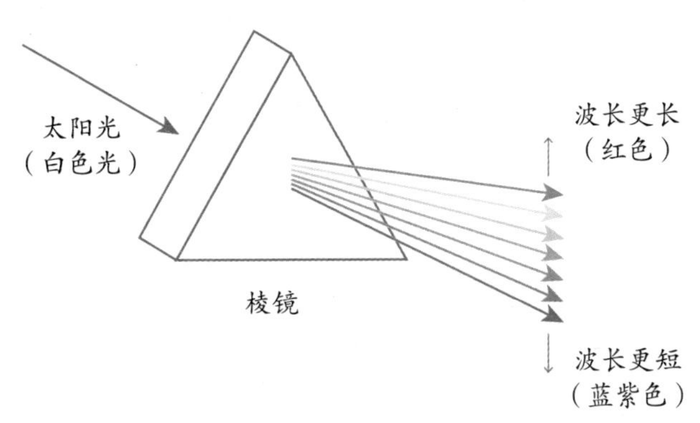

图 1–5 棱镜和可见光

波峰之间的距离叫作波长，波长位于 380～780 nm[①]之间的电磁波属于可见光，其中紫色光和蓝色光波长较短，红色光波长较长。

可见光、紫外线、红外线等电磁波都是光，而可见光指的是电磁波中人类肉眼可见的部分。红色可见光的外侧是波长更长的红外线，而紫色可见光的外侧是波长更短的紫外线（见图 1–6）。

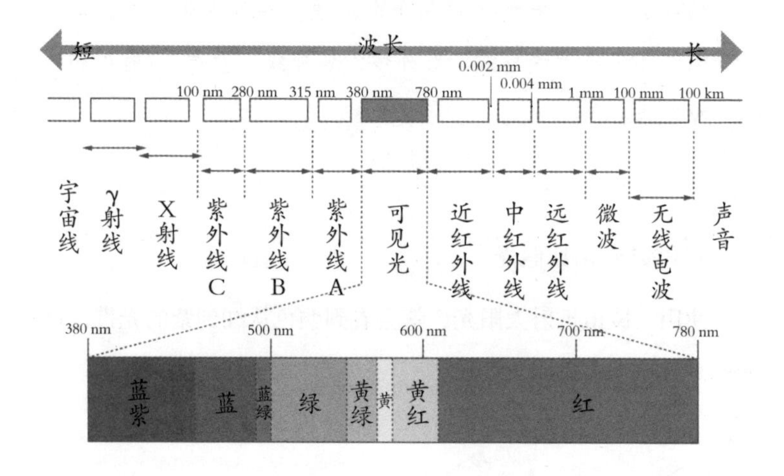

图 1–6 电磁波谱

我们可以使用红外线测量人体各部位的温度，并根据不同的温度显示出不同的颜色，生成热成像图。除此以外，红外线还能被用于从飞机和卫星上调查地球上陆地和海洋的温度分布。

◎紫外线的作用

紫外线别名化学射线，能引起化学变化，具备杀菌的作用，

① nm（纳米），长度单位。1 nm 为 1 m 的十亿分之一。

但是人体如果长时间暴露在紫外线环境中，则会被晒伤皮肤。

被晒伤的皮肤会出现发炎红肿的症状，接着死皮很快就会脱落。与此同时，皮肤发炎会刺激皮肤中的黑色素细胞产生黑色素，黑色素增加会直接导致皮肤变黑。但是又因为黑色素能很好地吸收紫外线，所以能防止紫外线伤害皮肤。

总体而言，紫外线对人体有利又有弊。它一方面会加速皮肤老化，引起皮肤癌；另一方面又能促进维生素的生成。

不同紫外线带给生物的影响不同，大致可以分为A、B、C三类（见图 1–7）。按照波长由短到长排列是C、B、A[①]；光的波长越短能量越大，所以按照能量从大到小排列也是C、B、A。

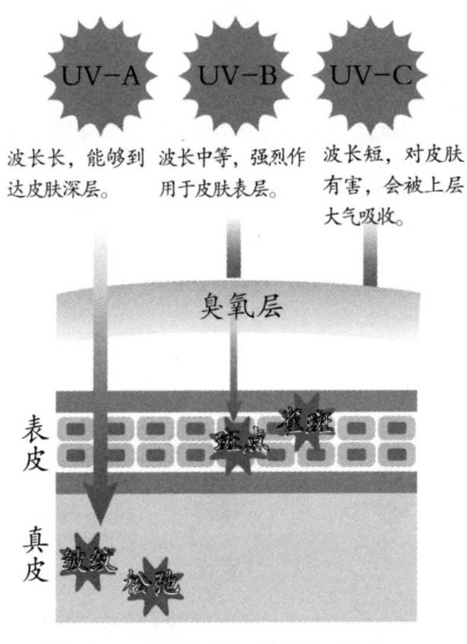

图 1–7　紫外线的种类和强度

① 紫外线B（280 ~ 315 nm）原本在通过臭氧层时会被吸收，基本不会到达地面。紫外线C（110 ~ 280 nm）会被地面以上 40 km 外的大气吸收，完全不会到达地面。

◎**有了臭氧层，生物才能登上陆地**

地球诞生于46亿年前，当时的原始大气中基本没有氧气。直到30亿至25亿年前，海洋中诞生了可以进行光合作用的蓝藻，大气中才有了氧气。后来氧气不断增多，最终达到了可以形成大气层的厚度，又因为受到太阳紫外线的照射，氧气变成了臭氧，这才形成了臭氧层。臭氧层的作用就是吸收大部分对生物有害的紫外线。

大概4亿年前，由于臭氧层遮挡了太阳光中的绝大部分紫外线，所以脊椎动物和植物才能从海洋登上陆地（见图1–8）。

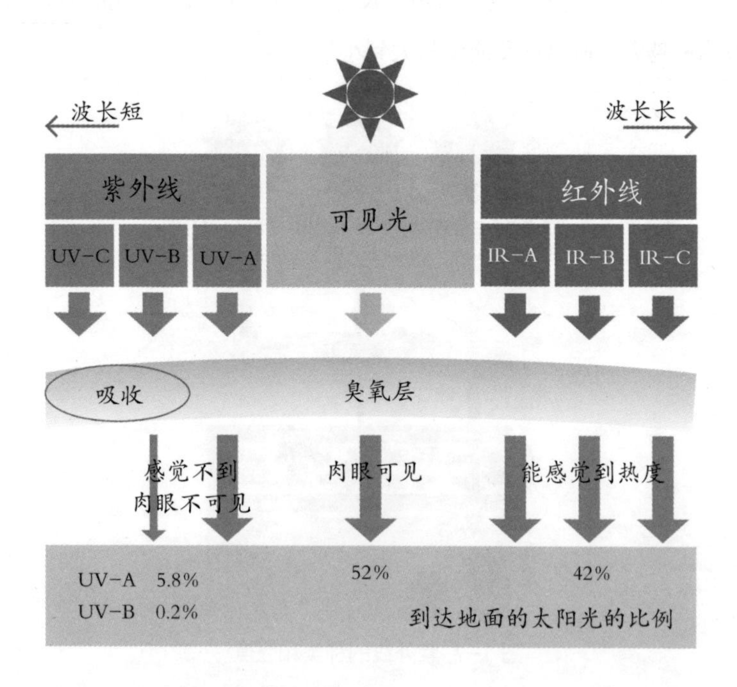

图1–8 到达地面的太阳光

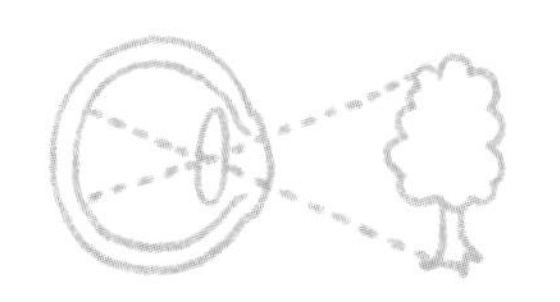

03 为什么有的人会得老花眼、近视或远视

眼球和镜片一样，发挥着折射光线的作用，其中 2/3 的作用由角膜发挥，剩余部分由晶状体补齐。晶状体不仅能折射光线，还能调节焦距。

◎人眼和相机的镜头

光进入眼睛，焦点落在视网膜上，再通过视神经将信息传到大脑，人就能看见物体。我们知道眼球的构造和相机非常相似（见图 1–9），对着镜子看自己的眼睛，黑眼球上从边缘向中心收缩的圆

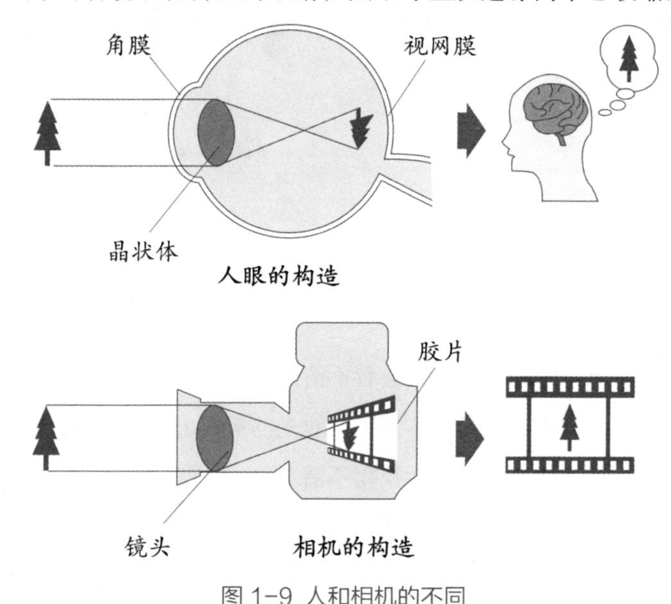

图 1–9 人和相机的不同

形部分叫作虹膜，相当于相机上调节进光量的光圈。眼球最外侧的角膜以及角膜内的晶状体则相当于相机镜头，角膜的折射率约为晶状体的 2 倍。眼球后侧的视网膜则相当于最终成像的胶片。

◎晶状体调节焦距

晶状体位于角膜和视网膜之间，厚度 4 mm，直径 8 mm 左右，呈胶囊状。如图 1–10 中所示，晶状体边缘连接的睫状肌通过收缩和松弛来改变晶状体的厚度。看向远方的时候晶状体变薄，而向近处聚焦的时候晶状体变厚。也就是说，人眼使用了和相机镜头不同的方式来调节焦距，使影像能够准确地落在视网膜上。

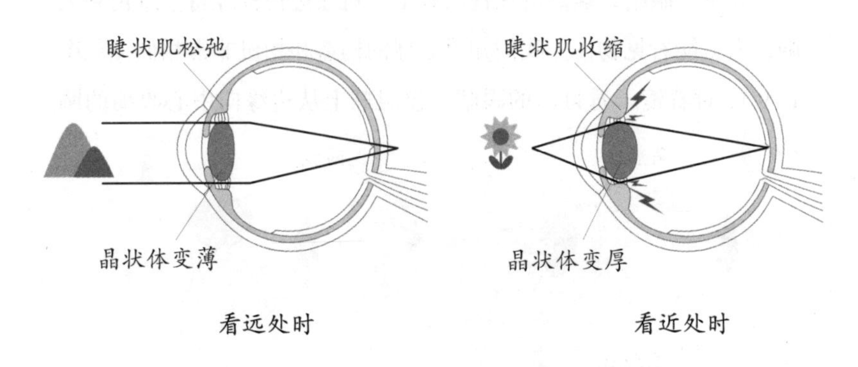

图 1–10 通过睫状肌来调节焦距

人潜入水中时，眼睛就会看不清楚，因为角膜和水的折射率基本相同。在水中，角膜基本失去了对光的折射力，人眼就只能靠晶状体来折射光线，结果就会视物不清。

生活在水中的鱼则拥有适合在水中生活的晶状体。虽然鱼眼和人眼的构造非常相似，但鱼眼的晶状体是球形的，所以对光的折射力远远大于人眼，就算在水中，也能准确地在视网膜上成像。但因为鱼眼的晶状体一直都是球形，不会像人的晶状体一样变薄或者变厚，所以鱼看远处和近处时，要通过前后移动晶状体的位置来调节焦距。

◎“老花眼”由晶状体老化导致

由于晶状体是一种胶囊状器官，所以内部的细胞和蛋白质无法流出。晶状体内部的细胞不断分裂，数量不断增加，导致老化部分不断被挤压到晶状体的中心部位，最终焦距调节变得越来越困难，这就是形成老花眼的主要原因。也就是说，老花眼是一种由于年龄增加导致晶状体老化难以调节焦距的现象。或早或晚，这种现象会出现在每个人的身上。

所以，“近视的人不容易出现老花眼”“视力好的人容易得老花眼”之类的说法纯属误会。

◎白内障治好后，患者会因为看见蓝天而感动

随着年龄增长，晶状体会逐渐变黄，如果进一步发生病变就会发展成白内障。近些年，患白内障的年轻人越来越多。想要治疗白内障可以通过超声波手术击碎浑浊的晶状体，并将其取出，置换成人工晶状体。

晶状体变黄、变浑浊会导致黄色的互补色——蓝色难以到达视网膜，所以经过手术成功地将晶状体置换成人工晶状体的患者，再次看到头顶的蓝天时一定会被感动。如果你感觉最近天不够蓝，那可能不是由于空气污染，而是因为你的晶状体出现了问题。

◎近视和远视的矫正

近视是由于眼轴，也就是眼球前后的深度拉长，或者晶状体折射异常导致成像落在视网膜之前的现象。近处的物体能看得清楚，但是看远处时就会由于不聚焦造成视物模糊。当你想看清远处物体的时候，就需要通过睫状肌去调节晶状体的厚度，然而过度使用睫状肌会导致眼睛过度疲劳，最终反而会加重近视。

这种情况需要使用凹透镜来进行矫正。使用凹透镜就能使平行光束在眼睛外被分散，从而使焦点后移，增大焦距，让成像刚好能落在视网膜上。

与之相对，远视是由于眼轴过短，导致光线的焦点最终落在视网膜后侧的情况。因为看向近处和远处都很难聚焦，所以无论看哪里，睫状肌都处于过度使用的状态。矫正远视使用的是凸透镜，它能使进入眼睛的光线更快聚集，从而缩短焦距。（见图 1–11）

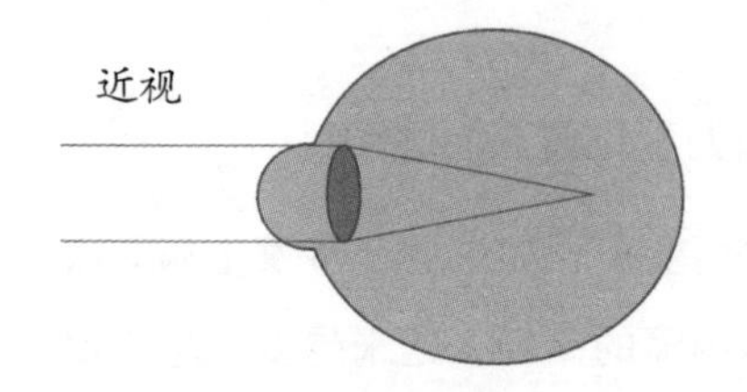

眼轴过长，光线无法聚焦在视网膜上。

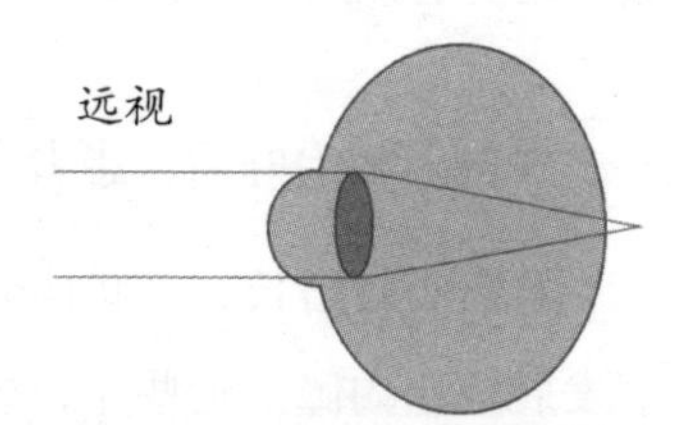

眼轴过短，光线无法聚焦在视网膜上。

图 1–11 近视和远视情况下光的折射

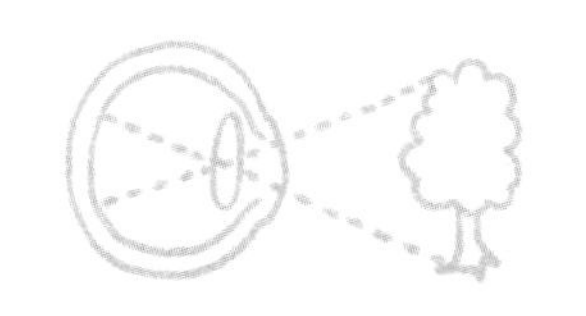

04 什么时候能看见海市蜃楼

> 海市蜃楼是一种通常出现在夏季的自然现象。在一个地方看到实际上并不在那里的东西，确实令人感到不可思议。那么到底为什么会出现这种现象呢？

◎永远无法靠近的水域

夏天阳光正强的时候，开车行驶在柏油马路上，有时候会看见前方有一片波光粼粼的水域。但是快接近它的时候，那片水域却会消失不见。这种自然现象是蜃景的一种，我们看到的晃动着的水域实际上是头顶的天空。直射的太阳光在靠近地面时被反射后，从地面的方向传到人眼中，给人造成前方有水域的错觉。

因为我们的眼睛能感受到光，所以我们能看见东西。大多数时候光是沿直线传播的，所以我们认为进入眼睛的光线的延长线上存在着我们眼睛所看见的东西，并且会在脑海中呈现出来。但是有时光会在传播途中发生弯折，导致我们出现错觉。

这种由于冷热空气导致的光线异常折射，使人看见空中的景象，或者在地平线附近看见远方风景的现象叫作海市蜃楼，又称蜃景。

◎下蜃

上文中提到在公路上看见“水域”的现象，与之类似的还有成像在本体下方的海市蜃楼叫作下蜃，大多数是由于海面或湖面的暖空气上方有冷空气侵入导致的（见图 1–12）。

图 1–12 下蜃

密度较小的空气层上方叠加了密度大的空气层，光线向上弯曲，形成一个向下方凹陷的弧线。因此从斜上方射入的光线在射出时会微微偏高，给人一种光线从下方传来的错觉，所以图中左侧的人看见的图像处于原本实物的下方。

与之原理相同的现象还有日出和日落时出现的“双太阳”，人用肉眼可以观察到在真实的太阳下方会并排出现另一个“太阳”。

◎上蜃

接下来看海面或湖面温度较低，接近水面的空气层密度较大的情况。与下蜃不同，上蜃是冷气层上方有暖气层侵入产生的现象

（见图 1–13）。

从下向斜上方传播的光线，经过高密度层进入低密度层时，会向下弯曲，形成一个向上凸起的弧线，最后进入人眼。这会给人一种光线从上方传来的错觉，所以在图中左侧的人的眼里，成像是浮在实物的上方的。

图 1–13 上蜃

此外还会出现上方成像翻转的情况，在这种情况下，实物往往会比人眼看到的小很多，小到难以辨认，所以会给人一种很奇妙的感觉。甚至很多时候实物和幻象之间的距离会高达 10 m[①]。

① 这种现象除需要一定的气象条件外，还需要 10 ~ 30 km 外有明显的可做标记的建筑物，例如桥、对岸的工厂等。

◎侧蜃

以上介绍的上蜃和下蜃多是平行于地面的重叠空气层引起的折射现象。除此以外，垂直于地面排列的密度不同的空气层也会引发海市蜃楼现象。比较有名的是九州有明海的不知火，它出现在陆地西侧的海域。光源是西北方向港口里的灯光，但是由于光线的折射，人就能看见左手边的海面上蔓延着摇曳的火光。这也是一个令人称奇的海市蜃楼现象。

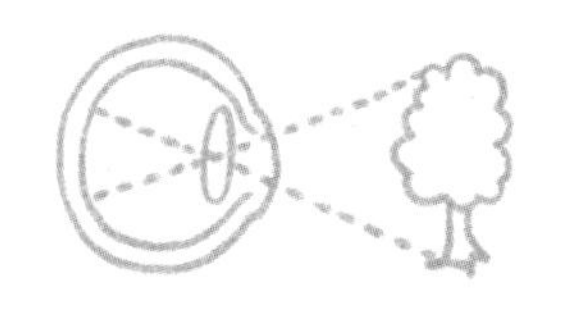

05 地球为什么看起来是蓝色的

之所以天空是蓝色的，朝霞和晚霞是红色的，是由于太阳光被大气分子和大气中的灰尘散射。如果没有大气，就算在白天，地球上也是昏暗的，太空中的地球也不会是蓝色的星球。

◎蓝色的天空源于瑞利散射

光遇到物体，被迫改变原本的运动方向，向各个方向散开的现象叫作散射。

光在遇到氮气分子和氧气分子等直径远远超过光的波长的大气分子时，出现的散射就叫瑞利散射，得名于发现此规律的英国物理学家瑞利勋爵（1842—1919）。

大气中氮气分子、氧气分子及其分子团的振动，引起了阳光的瑞利散射，所以天空才能呈现美丽的蓝色。

因为光的波长越短就越容易被散射，所以蓝色和紫色的光非常容易被散射到四面八方（见图 1–14）。被散射的光又会遇到新的分子，并接连发生数次散射，最终散射光遍布天空。当我们看向天空的时候，一部分散射光又会进入眼睛，所以进入眼睛的光其实是紫色和蓝色的光。

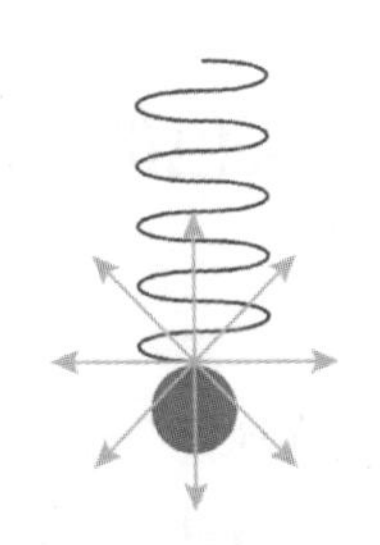

图 1–14 光的波长和散射

◎地球为什么是“蓝色星球”

我们眼睛中有一种捕捉颜色的视觉细胞叫作锥体细胞，对红色、绿色、蓝色十分敏感，这三种颜色也被称为“三原色”。由于锥体细胞对蓝色十分敏感，所以地球看上去不是紫色的，而是蓝色的。

被散射的太阳光一半向地面传播，剩余一半散射向太空，所以在太空中看地球也是蓝色的。

月球表面没有大气，所以不会出现散射。在月球上就算是白昼，天空也是灰暗的，也正因为如此，月球上白天也能看见太阳和星星。当然，如果你直视太阳，还是会觉得十分刺眼。

◎为什么朝霞和晚霞是红色的

朝霞和晚霞出现的时候，太阳处于地平线上，所以太阳光要在大气中走很长一段路程，才能进入人眼。在这段路程中，阳光中的紫色光和蓝色光会被散射掉，只有未被散射的光才能进入人眼。阳光中不易被散射的光是波长较长的红色光和橙色光，因此不管是太阳还是太阳周围的天空，看起来都是红色的，这就是朝霞和晚霞（见图 1–15）。

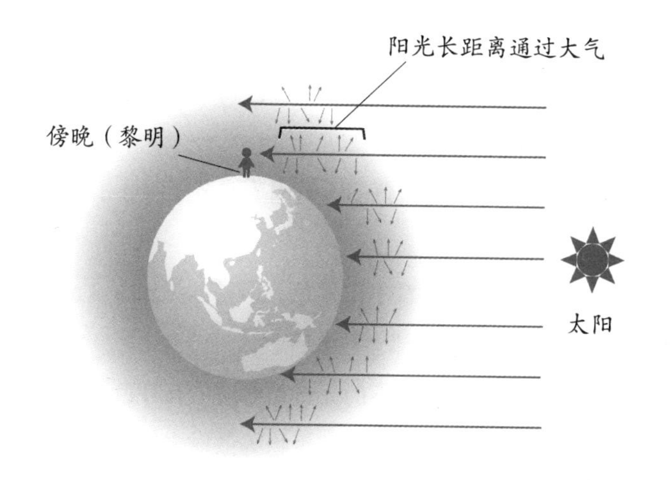

图 1-15 朝霞和晚霞

◎云呈现白色是因为米氏散射

云是由小水滴和小冰晶组成的。每个云粒都由数百亿个水分子构成，受到上升气流的托举飘浮在空中。

云粒的大小受到云粒的种类以及形成地区等要素的影响，一般来说直径在 0.005 ~ 0.1 mm 之间，绝大多数在 0.02 mm 左右。可见光的波长为 0.00038 ~ 0.00078 mm，所以可见光的波长远远小于云粒的直径。

阳光照在云粒上就会出现米氏散射。无论波长是长还是短，所有的光都会出现米氏散射，因为所有波长的光进入人眼的量基本相同，所以云看上去就是白色的。积雨云从斜侧方看是白色的，但是由于光的吸收，从厚厚的云层下方望去颜色就变成了暗灰色，不过乘坐飞机经过上方时，积雨云看起来仍然是白色的。

◎水呈现淡蓝色是因为光的吸收

经常会听到这样的说法：海洋的蓝色和天空的蓝色是一样的。其实这种说法是错误的。

海水之所以看起来是蓝色的，是因为水分子吸收了光谱上临近红色的光。

虽然水杯中的水可能看不出颜色，但是如果水深 3 m，光的透过率就只有 44%，其余全部会被水吸收。

红色光被吸收之后，剩下的光就是对应的互补色——蓝色。这些蓝色的光被水中的悬浮物和浮游生物等散射之后进入人的眼睛。也就是说，海洋之所以看起来是蓝色的，是因为红色光被吸收后，剩余透过水的蓝色光被水中的物质散射进了人眼（见图 1–16）。

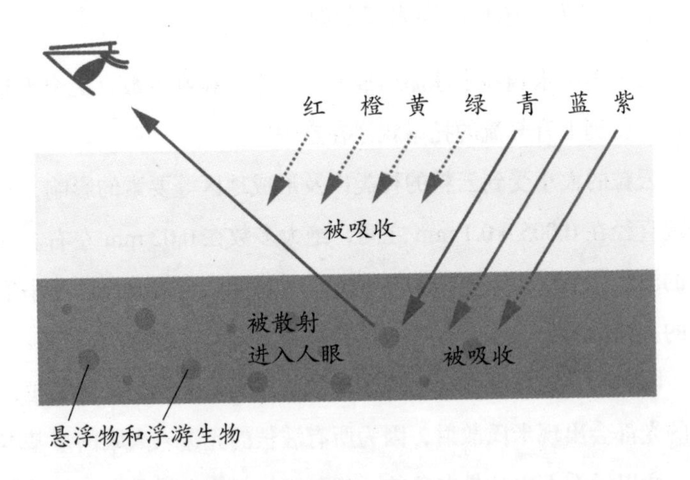

图 1–16 蓝色光进入人眼

当然，海水的颜色也受海水中悬浮物和浮游生物的影响。基本没有浮游生物生存、水非常深的黑海因为阳光照进这片深海之后基本全部被吸收，所以海水的颜色就如它的名字一样，看起来是黢黑的。

植物、悬浮物以及浮游生物丰富的海域则大多数呈现绿色。如果含有红色素的浮游生物异常增殖导致赤潮，那么海洋的颜色又会变成红色。

海洋的颜色还与海面反射的光有关系。海面会倒映天空的颜色，晴天是蓝色，阴天是灰色，遇到晚霞满天的时候则是鲜艳的橘红色。

观看的位置不同，海洋的颜色也不同。从正下方看，海水的颜色是由射入海水中的光的颜色决定的，而从远处看到的海水的颜色则是由海面的反射光决定的。

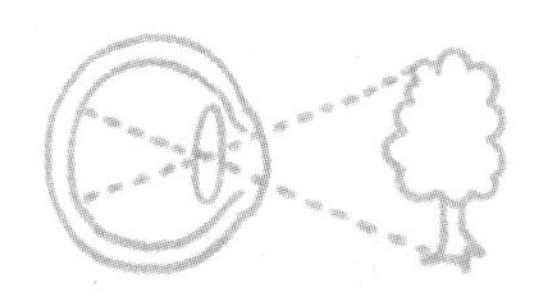

06 彩虹从正下方看是什么样的

一般来说，雨过天晴后能看到的彩虹只有一道，但是有时候在它的外侧还会看见另一道彩虹，这就是副虹（又称霓）。人们常说看见副虹就会走运。

◎彩虹什么时候出现

只有雨后快速放晴的时候，才能在太阳的前方看见彩虹横跨在天空中。要形成彩虹首先需要降水，给大气带来丰富的细小水滴；其次需要阳光的照射。当然，晴天时向空中喷水，或者到有水花溅起的瀑布附近，以及公园的喷泉旁等地方，也许也能看见彩虹。

◎水滴分解阳光的颜色

阳光中含有各种颜色的光，最初使用玻璃三棱镜证明这一点的是物理学家艾萨克·牛顿。阳光照在棱镜、水等物体上，在透过表面时会发生偏折，这就是折射。光的颜色不同，折射率也不同。

如图 1–17 所示，使光通过一个狭窄的缝隙，之后再通过一个三棱镜，在入射和出射时经历了两次折射的分解，就在屏幕上形成了一个彩虹一样的光带[①]。

红色光波长较长，不容易折射；而紫色光波长较短，容易发生折射。太阳光被无数个球状小水滴折射、反射后，在空中形成的拱形七彩光谱，就是我们所说的彩虹。

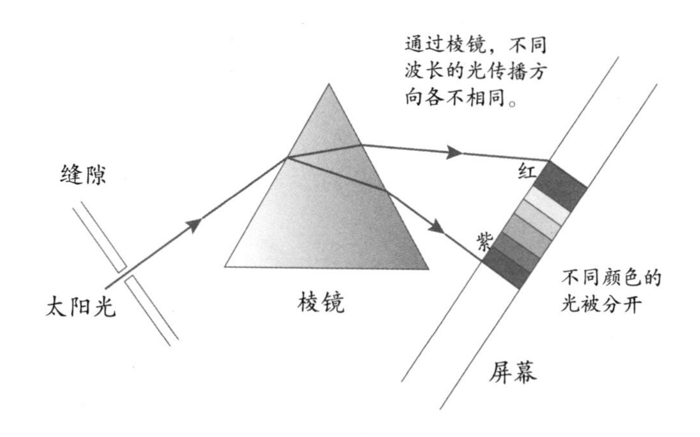

图 1-17 使用三棱镜分解阳光

◎看见彩虹和看彩虹的方法

我们平常能看见的彩虹叫作主虹。红色在外侧，由外向内按照波长由长到短依次排列着红、橙、黄、绿、青、蓝、紫七种颜色。

有时在主虹的外侧隐约能看见另一道彩虹，这就是副虹。副虹是紫色在外，红色在内，颜色排列和主虹正好相反。但是一般来说主虹明亮清晰，而副虹的颜色相对暗淡，不容易看到。

要如何看彩虹呢？首先背对太阳站立，当阳光照进你头部斜上

① 包括太阳光在内，多种颜色的混合光进入人眼后看起来是无色的，我们称为白光。牛顿通过实验证明使用三棱镜分解之后的阳光，可以用透镜将之还原成白光。

方的水滴中，就能看见彩虹（见图 1–18）。无数水滴中，与观察者上下左右呈 42° 夹角的水滴看起来是红色的，而呈 40° 夹角的水滴则是紫色的。从观察者的位置来看，整体呈一个拱形。如果以观察者的眼睛为顶点，看见的是以特定角度铺开的水滴所形成的圆弧，所以其实我们看见的彩虹就是圆弧的一部分[①]。

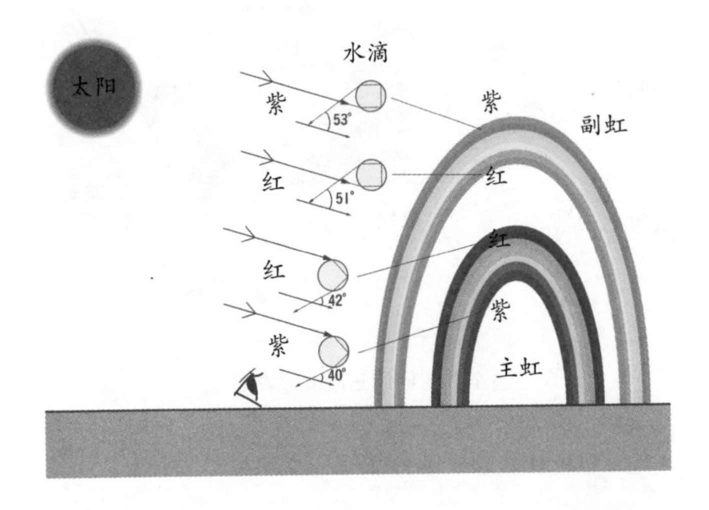

图 1–18 水滴以特定角度反射的光进入人眼就形成了彩虹

有人会好奇从正下方看彩虹，彩虹是什么样的。当我们靠近彩虹时，由于偏离了位置，水滴分解后发出的光不能进入人眼，所以就什么都看不见了。

① 形成副虹的水滴当中，红色的水滴位于观察者的 50° 方向，紫色的位于 53° 方向，位于形成主虹的水滴外侧约 10° 的方向。

◎小小的水滴中发生了什么

能够看到彩虹的角度，由球形小水滴中发生的事情决定。我们平常看见的主虹经过了小水滴的一次反射和一次折射，副虹则经过了两次反射和两次折射。因为反射的时候，一部分光会在透过小水滴时溜走，所以反射次数越多，光就越弱，这就是副虹颜色暗淡的原因。此外，由于透过小水滴的光的排列方式不同，所以主虹是红色在外侧，而副虹是红色在内侧。

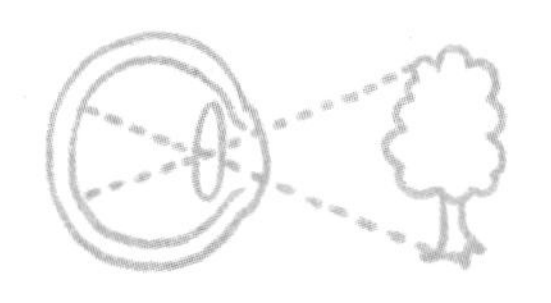

07 雷是正负电荷的中和现象吗

> 雷有时会夺走人的生命、引起火灾，有时还会造成电力、通信设备和电脑等各种器件的损坏。但是自古以来，雷就是夏天的象征之一。

◎雷雨云中有正电荷层和负电荷层

夏日午后天空突然变黑，不久伴着暴雨而来的是一阵冷风和电闪雷鸣，但是大概 30 分钟之后又风平浪静。这种天气是由雷雨云造成的，雷雨云又叫雷暴云或者积雨云。

形成积雨云时，空气中有强烈的上升气流，有时上升速度甚至会超过 15 m/s，人在这样的大风中，很难逆风前进。由于海拔越高，气温越低，水蒸气随着上升气流不断爬升的过程中凝结成水滴和冰晶，冰晶聚合在一起越变越大，聚合成霰。冰晶是空气中刚刚诞生的冰的微小结晶，直径在 0.5 mm 以下。

在雷雨云发展的过程中，原本呈电中性的冰晶和霰等分裂成了带正电荷和负电荷的颗粒。在放电之前，雷雨云会不断发展，并分成带正电荷的上层和带负电荷的下层[①]。

---

① 实际中的雷雨云更加复杂，下层云中也有带正电荷的部分。

◎雷雨云放电是正负电荷的中和现象

雷雨云放电有云间放电和云地间放电（落雷）两种。其中云间放电占 90%，云地间放电只占 10%。此外，人们还曾观测到雷雨云的顶部会向更高的中间层和电离层放电。无论是哪一种，都是正电荷和负电荷碰撞后中和的现象。

首先云层中处于中层的负电荷与正电荷靠近，开始中和放电。有时也会出现云层向晴朗方向放电的情况。

落雷是雷雨云中积攒的电荷向地面释放并被中和的现象，这种现象每次持续半秒，但是长度可达数千米。

既然是从云中开始，那自然是向下放电。落雷通常呈树枝状或箭状沿曲折闪道而下，其中如果是云中的正电荷被中和则称为正极雷，如果是负电荷被中和则称为负极雷（见图 1–19），区别就在于放电时云中的电荷是正电荷还是负电荷。一般来说，冬季正极雷较多，而夏季负极雷较多，夏季只有不到 10%的放电是正极雷。

图 1–19 负极雷示意图

如果放电从地面开始，那自然就是向上放电，这种现象极其稀有，发生概率不到1%。但是，日本沿海的风力发电设备在冬季经常会出现这样的情况，有时甚至会造成经济损失。这种情况就是地表向上突起的物体顶端向上放电导致的①。

◎雷电的光和声音

相信许多人都懂得利用看到天空中的闪电和听到雷声之间的时间差来计算自己与打雷地点之间的距离。

光速为每秒30万千米，所以光瞬间就可以走过几十千米的路程。雷声的传播速度为340 m/s，所以计算好轰隆隆的雷声与闪电之间的时间差，再用时间差（s）×340 m/s，就可以求出到打雷地点之间的距离。例如：看见闪电5 s后听到了雷声，那么距离约为1.7 km；时间差为30 s的情况下，距离则约为10 km（见图1–20）。

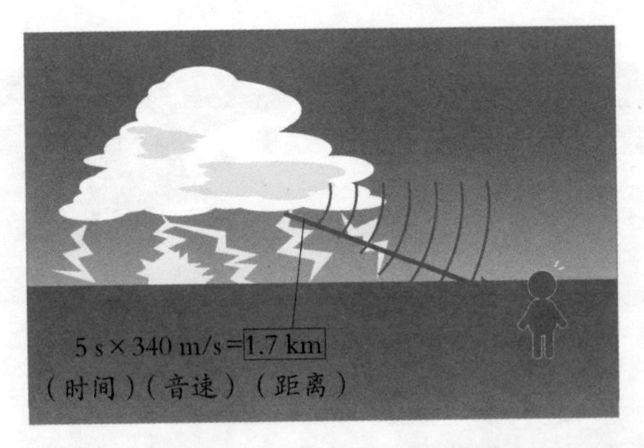

图1–20 与打雷地点的距离

① 位于雷雨云下方的高层建筑顶端一般会形成强电场，所以向上放电的基本都是高层建筑物。

下一次落雷最有可能发生在距离上一次落雷附近 3 ~ 4 km 以内的地方，但是发生在距离 10 km 以外的地方也挺常见的。简单来说，只要能听到雷声，那么你就处于危险范围内。

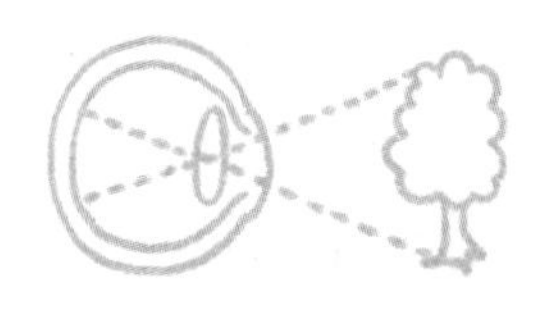

08 原声吉他的音孔和共鸣箱是用来做什么的

吉他和小提琴等弦乐器上，不仅要有琴弦，还必须有一个箱子一样的东西。如果没有这个箱子，人基本就听不到吉他发出的声音了。

◎振动面积越大，声音越大

空气振动传到人耳中，就是人听见的“声音”。形成空气振动的物体面积越大，发出的声音就越大。举个简单的例子：拨动橡皮圈发出的声音和敲击大鼓发出的声音相比，鼓的声音就大得多。

通过左右拨动吉他的琴弦，吉他就会发出声音。而且就算轻轻拨动吉他弦，发出的声音也远比拨动橡皮圈的声音要大得多。

拨动电吉他的琴弦时产生的振动通过电能增幅，声音就会变得很大。由于原声吉他不依靠电能，所以共鸣箱需要做得更大。

演奏原声吉他时，振动的不仅是吉他的琴弦。琴弦的振动还会传导到共鸣箱和琴身，导致一并振动。也就是说，琴身的面板、侧板和背板都在振动，发出声音的面积很大。综上所述，我们平时听到的“吉他声”，其实是整个琴体振动发出的声音。[①]

① 基于这一原理，有的乐手在演奏中会用手来按住琴身，阻止琴身振动，这也是一种演奏技巧。

◎吉他的音色

吉他弦连着琴身，但是琴身不仅不能阻止琴弦的振动，还会随着琴弦一起振动。

敲桌子发出的声音，音调总是相同的，这是因为振动的频率是固定的。

世界上所有物质发生振动时，都有一定的频率，这个频率就叫固有频率。但是世界上许多物质的固有频率不止一种，拥有多种固有频率的物体，最小的频率称为基本频率，其他的固定频率一般是基本频率的整数倍，如 2 倍、3 倍、4 倍等。各个频率下发出的声音叫作倍频音，如 2 倍频音、3 倍频音、4 倍频音等。敲击桌子只能发出单调的声音，但是弹奏乐器时，多种倍频音混合会出现类似回声的音色。音色就是有倍频音时才出现的。

某一物体的固有频率和附近振动物体传来的频率相同时就会出现共振现象。

悬挂三个单摆，其中两个线长相同，分别叫作A和B。如果仅让A摆动，线长不同的单摆不会动，但是线长相同的单摆B因为和A的频率相同，所以就会随着A一起摆动，这就是共振[①]。

◎吉他的音孔和共鸣箱的作用

原声吉他琴身中产生的声音从音孔传出来，琴声会更大。小提琴和大提琴琴身上的“S”形音孔也有同样的作用，并且因为大提

① 发生大地震时，只有特定的一些建筑物会发生剧烈晃动，这也叫作共振。在音乐中的共振叫作共鸣。

琴是放在地板上演奏的，会带动地板一起振动，所以我们甚至可以说在演奏大提琴时，地板也成了乐器。

吉他发声还利用了另一个构造。琴身有自己的固有频率，琴身内部的空洞也有自己的固有频率。如果琴身振动引起的空气振动的频率与琴身内部空洞的固有频率一致，就会产生共鸣，使吉他发出更大的声音。

◎降噪——消除声音

密度大的空气和密度小的空气来回推拉产生的空气振动与其他方向来的空气相遇后，会相互施加影响。如果密度大的空气遇到密度大的空气，密度小的空气遇到密度小的空气就会使振动更加强烈，发出的声音也更大。但是如果密度大的空气遇到密度小的空气，密度相互中和，声音就会消失。降噪就利用了这个原理使声音消失（见图 1–21）。

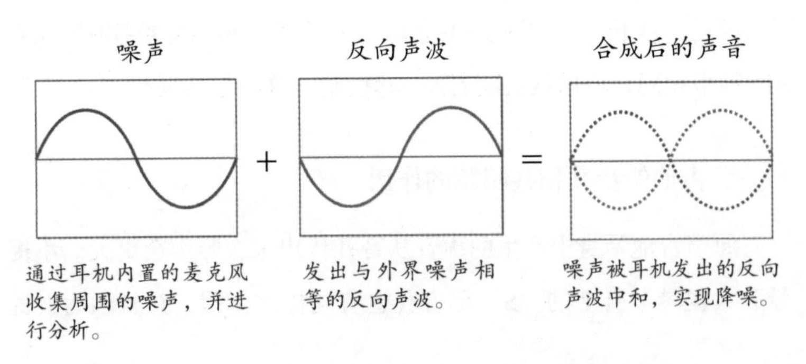

图 1–21 降噪——使声音消失

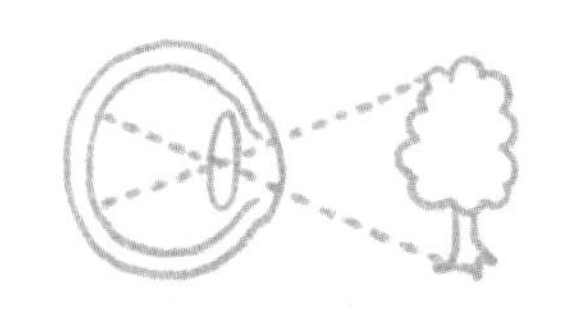

09 自己的声音是通过耳朵和头骨听到的吗

> 声音就是物体振动引起的空气振动。这个振动通过耳道传到耳蜗，人就能听见声音。但是空气的振动也能通过我们的脑颅骨和颌骨传播。

◎失聪的贝多芬是怎样“听”到声音的

贝多芬是有名的作曲家，但是他双耳失聪，到了晚年连日常会话都成了问题。尽管如此，他还是在进行音乐创作，听说他曾用嘴叼着指挥棒抵在钢琴上，钢琴的振动通过指挥棒传到牙齿，这才使他“听”到了声音。

一般来说声音是物体振动引起的空气振动，空气振动引起耳道中的鼓膜振动，鼓膜再将振动传递给耳蜗，最后传给大脑，人就听见了声音。通过这种传递方式听到的声音叫作“气导音”。

但是在贝多芬的传说中，就算不通过“空气→鼓膜→耳蜗→大脑”这种空气传导的途径，他也能听见声音。

失聪的贝多芬通过“指挥棒→牙齿→头骨→耳蜗→大脑”的途径听到了声音。这种通过颌骨和脑颅骨传导振动，从而听见声音的方法叫作“骨传导”，而通过骨传导听见的声音就叫作“骨导音”（见图 1–22）。

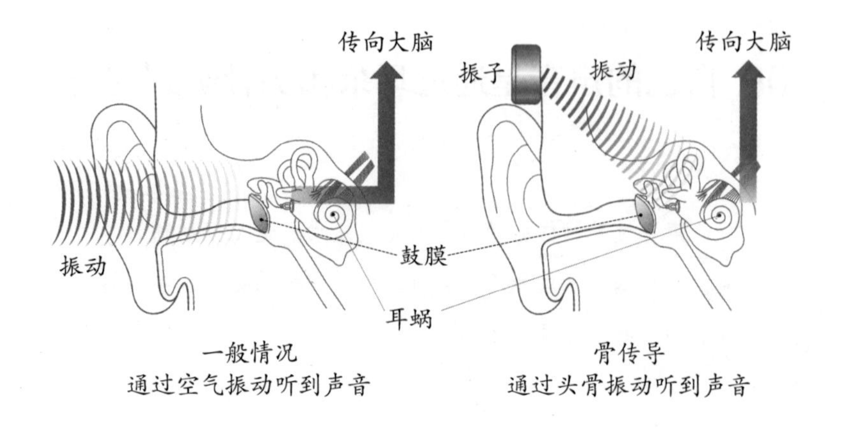

图 1-22 空气振动和骨振动

健全的人在日常生活中也可以使用骨传导。人类头部两侧的耳朵（耳郭和鼓膜）只是向耳蜗传导振动的器官，如果声音的振动可以直接通过颌骨和脑颅骨传导至耳蜗，那么就算不通过鼓膜，人也可以听到声音。但是由于空气中传播声音的振动远不能使颌骨和脑颅骨发生振动，所以平时人们主要听到的还是通过鼓膜传递的“气导音”。

◎录音中自己的声音和平时不一样的原因

听自己声音的录音时，你有没有感觉声音很奇怪，和自己平时的声音不一样呢？这是因为我们平时听到的自己的声音有鼓膜振动传递的“气导音”和颌骨及脑颅骨振动传递的“骨导音”两种。

但是录音中的声音只有鼓膜振动传递的“气导音”一种，所以听起来和平时不一样。

◎骨传导耳机

骨传导的应用成果——骨传导耳机，不用佩戴在耳朵上，而是佩戴在太阳穴上，通过振动脑颅骨就能听见声音。因为由脑颅骨振动向大脑传递声音，所以听到外界的声音的同时也能听见耳机中的声音。骨传导不会振动鼓膜，也不会有耳朵被塞起来的压迫感，所以即使长时间使用这种耳机，耳朵也不容易累。对于消防员等塞上耳朵可能会带来危险的职业来说，骨传导耳机是非常好的通信工具。

近来除了佩戴在太阳穴上的骨传导耳机之外，还出现了耳环耳机和有耳机功能的太阳镜。此外，功能性和设计性更好的骨传导助听器也被开发了出来。

◎海豚通过骨传导听到声音

分析骨传导的原理就可以发现，声音在固体中也能顺利传播，比如把耳朵贴在长长的金属栏杆上，可以听见从距离栏杆很远的另一头传来的敲击声。声音不仅可以在固体中，还可以在液体中传播。令人感到意外的是，声音在水中比在空气中传播得更快。

生活在水中的海豚，为了不让水进到耳朵里，耳朵基本处于紧闭状态。它们用颌骨接收水中传来的声音的振动，通过骨传导的方式听见声音，以此来规避风险或与同伴交流。

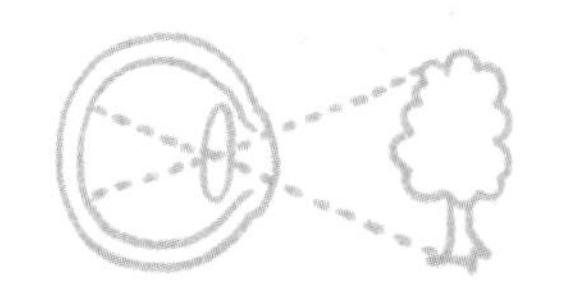

10 乐器的音调和音色是由什么决定的

> 管乐器和弦乐器的音调都是由声波的物理属性决定的。演奏就是驾驭乐器的物理属性的技术。乐器的大小、弦的粗细都和乐器特有的声音之间有物理上的联系。

◎声音的三要素

声音就是通过空气振动也就是空气压力变化传递的波，也叫作声波。

声音的“三要素”指的是“音调”“响度”“音色”。音调由声波的振动频率，即每秒振动的次数决定，单位是赫兹（Hz）。响度由空气振动的强弱决定，可以通过振幅来表达。音色我们会另外着重说明。

◎波的基本性质

如图 1–23 所示，包括声波在内，一般的波每振动一次就会前进一个波长的距离。这里的“波长”指相邻的两个相同波形之间的距离。一次振动所需的时长叫作“周期”，两者的关系可表示为：波速 = 波长 ÷ 周期。周期是用 1 s 除以频率得出的时间，所以可得：波速=波长 × 频率①。

① 只要是声波，速度一般固定为 340 m/s，因为波长和频率的乘积一定，所以波长和频率成反比。

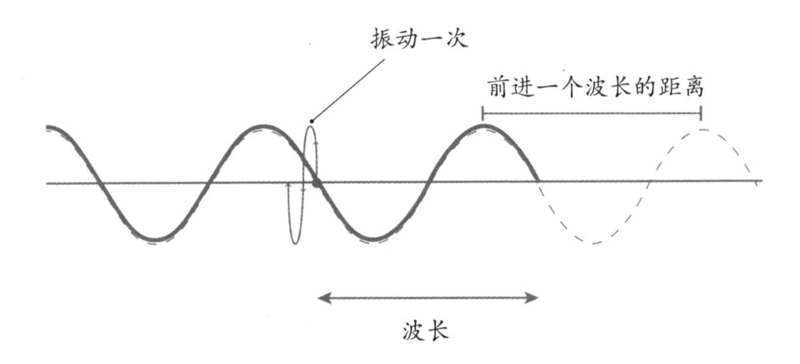

图 1-23 波每振动一次前进一个波长的距离

◎管乐器的构造

顾名思义，管乐器就是一个“管”，内部是空的[①]。管中的空气叫作“空气柱”。吹奏管乐器时，吹孔处产生的振动会转化成空气柱中的声波，并在管身内来回反射，过程中和自身重叠，与满足某些条件的波相互加强，形成共鸣。

管乐器中两端都开口的叫作“开管乐器”，包括长笛、竖笛等。一端开口、一端封闭的叫作“闭管乐器”，包括单簧管和双簧管等。如图 1–24 所示，令空气柱的长度为L，封闭的一端空气无法振动，而开放的一端则有很好的振动条件，所以开管的共鸣声波波长为 2L，而闭管则为 4L。这个波长对应的音叫作“基本音”。从上文中可知音调（基本频率）由“音速÷波长”决定，所以L越长，波长越长，频率越低。因此大型管乐器的声音一般都是低音。

长笛和竖笛演奏时按住和松开音孔，长号演奏时拉动滑管，小号演奏时按下活塞切换弯管，实际上都是通过改变L的长度来控制

① 例如小号和圆号等卷起来的乐器伸展开就是一根长管。

音调进行演奏。

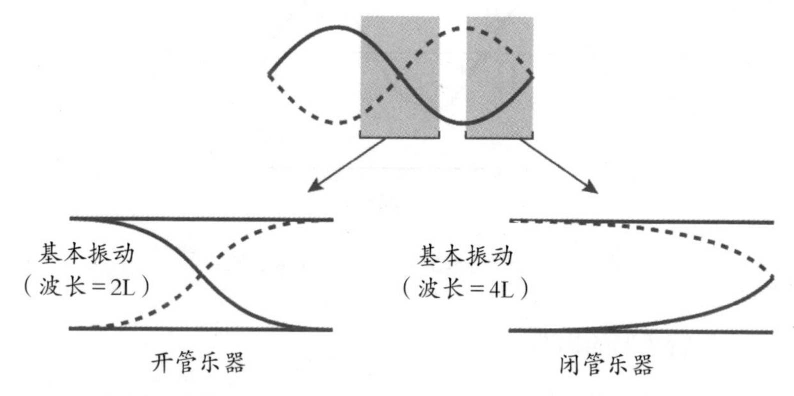

令管的长度为L，开管乐器产生共鸣最长的波长为 2L，闭管乐器为 4L。音调（基本频率）由“音速÷波长”决定。

图 1–24 决定管乐器音调的因素

◎弦乐器的构造

通过拨动或者摩擦弦乐器紧绷的琴弦，可以使之振动从而发出声音。琴弦振动所产生的波的传播速度取决于琴弦的张力和重量，张力越大，传播速度越快，琴弦越粗越重，传播速度越慢。

只有在特定条件下，琴弦的振动才能在琴弦两端之间来回反射，并和自身重合，互相加强。令弦长为L，波长需要是 2L 的整数分之一，如图 1–25 所示，音调（基本频率）由L决定，所以能发出低音的弦乐器一般来说体积也比较大。许多弦乐器可以用手指按压琴弦改变L的长度，来控制音调进行演奏，而张力的大小可以通过转动琴轴来实现。

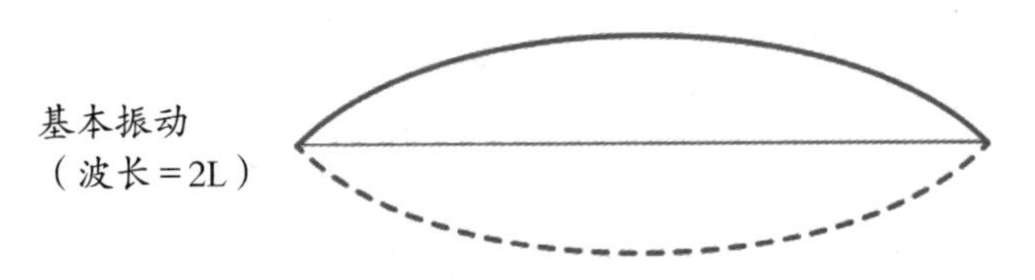

图 1–25 决定弦乐器音调的因素

◎音色和倍频音

无论是弦乐器还是管乐器，只要发出基本频率的整数倍（闭管乐器的奇数倍）频率的振动，就都满足共鸣的条件，与整数倍频率相对应的是倍频音。实际生活中乐器的声音都是由基本音和无数的倍频音混合而成的，而与倍频音混合的声音就决定了一种乐器的特殊音色（见图 1–26）。所以就算音调相同，长笛和小提琴的声音的区别也十分明显，原因就是倍频音的和声方式不同。

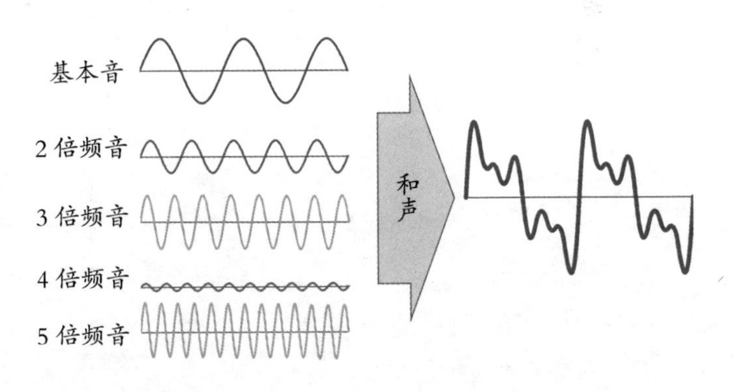

图 1–26 将倍频音混合之后就会形成复杂的波形（音色）

第二章

街头和宇宙中的物理

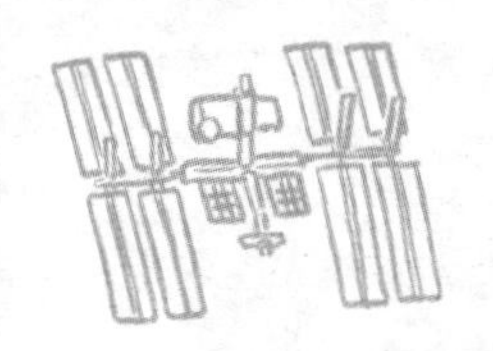

11 拱桥和鸡蛋的构造是一样的

> 在桥和隧道等建筑物，以及我们身边的鸡蛋和小灯泡等物体中都可以看到向上弯曲的拱形构造。这种构造巧妙地利用了力的平衡，是一种朴素且坚固的构造。

◎仅靠石头的重量就可以支撑百年的石拱桥

长崎市的眼镜桥，建造于江户初期，是日本现存最古老的石拱桥。这座石拱桥没有使用任何黏合剂或者水泥，仅仅靠石材的自重支撑了百年之久。原本石材过重应该向下沉，但因为是拱形结构，所以石材下沉时会和周围的石材相互挤压，桥就会更加坚固。就算在上方放很重的东西，石桥也只会更加坚固。

石拱桥历史悠久，起源于公元前 4000 年左右的美索不达米亚文明。[①]

◎石拱桥的建造方法

首先要打造一个支撑拱券的木制支撑构件，之后开始砌筑拱石。由于拱券两侧的拱脚也需要承受来自两侧水平方向的力，所以必须保证拱脚不会松散。为此人们想出了许多应对之策，比如

① 古罗马水道桥、古罗马斗兽场以及中世纪欧洲的穹顶建筑都是拱桥原理的实际应用。

将固定拱脚的部分建造得十分结实，或者在岩基上建造拱脚。拱券砌筑的最后一步是将最关键的石头——拱顶石镶进拱券，随后在拱券外部进行拱腹填料，这样就基本完成了拱桥的建造（见图2-1）。

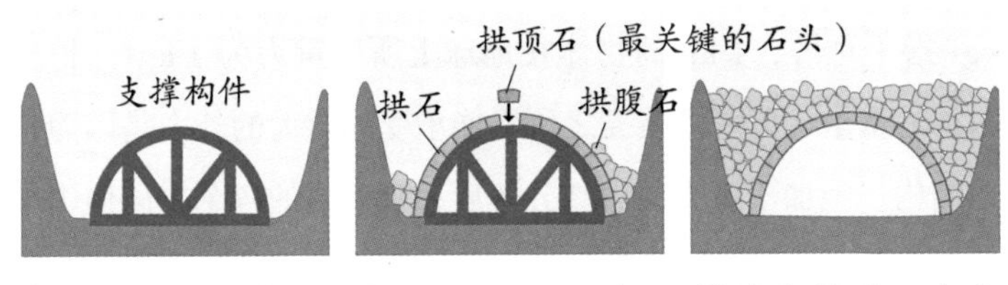

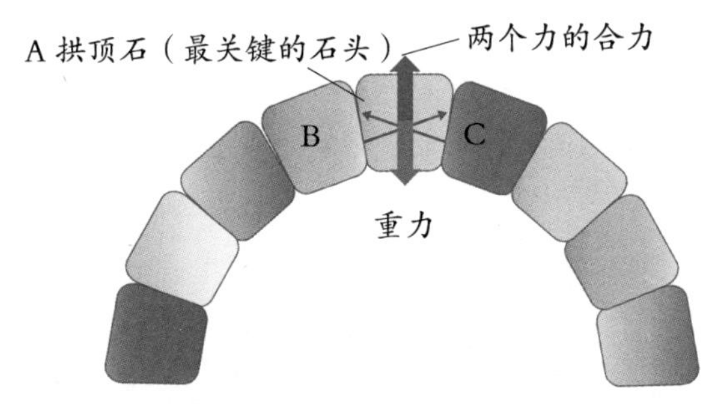

图 2-1　石拱桥的建造方法和力学原理

◎拱顶石的作用

拱顶石最后镶嵌进拱券，使左右两侧拱石对拱顶石作用力的合力与重力相平衡。通过这种平衡，石拱桥就拥有了极强的承重力。也正因为如此，如果拆掉拱顶石，平衡就会被打破，石拱桥就会坍塌。拱顶石既是一块楔子，也是一个纽带。

◎为什么蛋壳不容易碎

在人的固有印象中，生鸡蛋在桌上轻轻磕一下就会碎，但是实际上鸡蛋壳十分坚固，如果将鸡蛋竖着放，它可以承受 3 ~ 10 kgf（kgf 指千克力，1 kg 的物体在地球上所受重力为 1 kgf，相当于 10 N）的重量。薄薄的蛋壳之所以能承受如此大的外力是因为它的拱形结构。施加于蛋壳的力被分解后，顺着力的各个方向作用于蛋壳的不同部分。虽然被分解后的力仍然不小，但就像石拱桥一样，蛋壳两侧的力也在起作用，所以蛋壳不容易碎（见图 2–2）。像蛋壳一样的三维拱形结构叫作壳体结构，广泛应用于教堂、穹顶体育场和大坝外墙等。

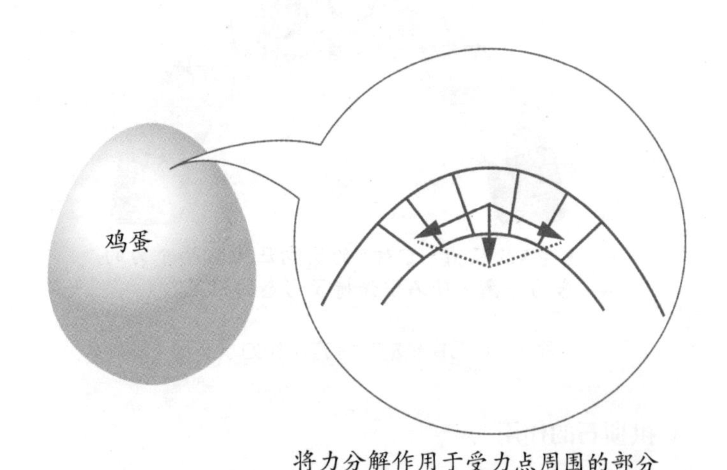

图 2–2 鸡蛋的拱形结构

拱形结构对从上而下的力的承受能力非常强，但是对向两侧的牵引力和从下而上的压力的承受能力则很弱。所以不论是拱顶石还是其他的拱石，只要拿掉一块，石拱桥就会坍塌。鸡蛋也是一样，很难承受从内向外的力，所以小鸡才能破壳而出。

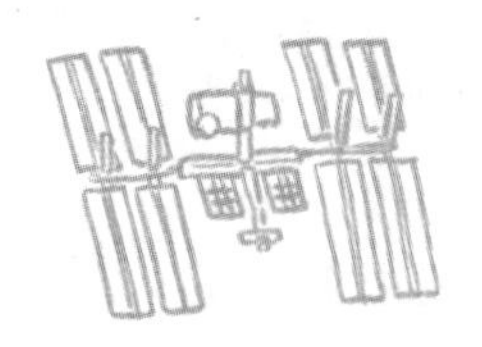

12 洒水降温能凉快多少

日本自古就有洒水纳凉的习惯。近些年通过洒水来预防中暑的做法也备受关注。

◎洒水的原理

天气炎热的时候给路上或者院子里洒上水，水通过蒸发吸收地面的热量，就能使温度降低（见图 2–3）。

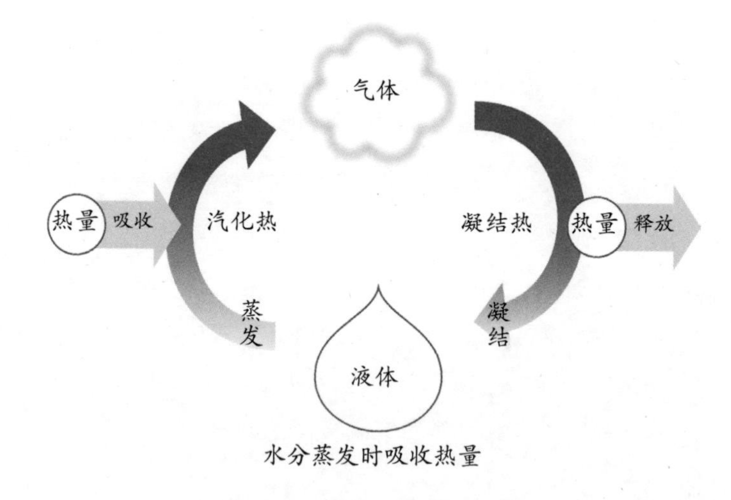

图 2–3 热量移动带来的状态变化

1 L 水 1 kg 变成水蒸气需要 600 kcal（千卡）左右的热

量，5 L 水 5 kg 则需要 3000 kcal，而我们人类每天需要摄入的卡路里最高不超过 3000 kcal。一个健康成年人的体重远远超过 5 kg。相比之下，水变成水蒸气需要吸收的热量要多得多。实验证明，同样的地面，容易含水的土地面比不容易含水的柏油路面温度低 5 ℃ 左右。

◎柏油路面夜间也会持续散热

由于城区温度过高造成了热岛效应，为了减轻热岛效应，日本各地洒水的活动越来越多。

导致热岛效应的原因主要有两个：首先是柏油不容易含水，所以无法通过水蒸发来带走热量；其次是柏油的比热容大，改变其温度需要移动的热量更多，所以不容易冷却。一旦温度升高就很难冷却下来，就算是夜间，柏油路面的温度仍然比较高。

炉火点燃后，会发出火热的红光，周围也会变得暖和起来，这是因为热以电磁辐射的形式被散发了出来，这种现象叫作热辐射。高温物质释放大量的电磁辐射，人就会感觉到温暖（见图 2–4）。低温物质也会有热辐射，但是由于低温物质可以释放的热量原本就不多，所以就算靠近低温物体，也不会感觉温暖。

数据表明，有热辐射和没有热辐射的最大温差能达到 9 ℃，两者之间热量相差非常大。到了夜间，仍然滚烫的柏油地面会以热辐射的方式向外散热，这也是纯柏油地面到了夜间温度也很难降下去的原因。

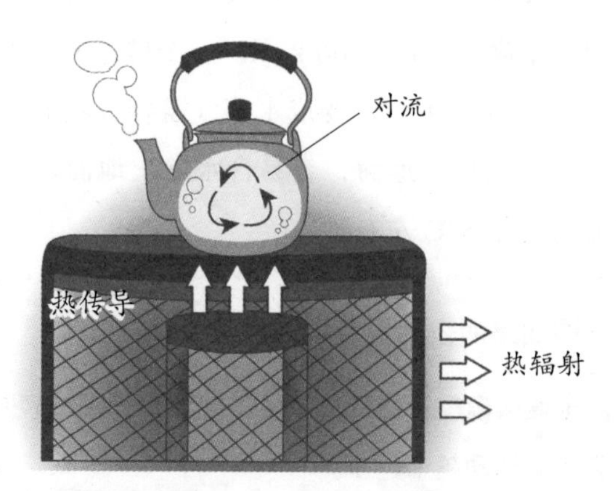

传热的方式除热辐射之外，还有发生在介质本身中的热传导，以及通过气体和液体活动传导的热对流。

图 2-4 热辐射、热传导和热对流

◎那么应该洒水降温吗

既然柏油路面温度上升导致了问题，那么只要将它的温度降下来，就有可能遏制热岛效应。

然而从过去的研究数据来看，事实似乎并非如此。在东京墨田区举办的“洒水大作战 2004”持续了 7 天，期间的观测结果显示：平均降温 0.69 ℃，最大降温 1.93 ℃；降温平均持续 23 分钟，最长持续 56 分钟。从这个结果来看，的确能通过洒水降温，但是温度最高只能下降 2 ℃，最长持续时间也只有 1 小时。40 ℃ 的高温天气中，就算下降 2 ℃，温度仍高达 38 ℃。这个方法用于预防中暑的确十分勉强，人们也不会因此感觉凉爽。

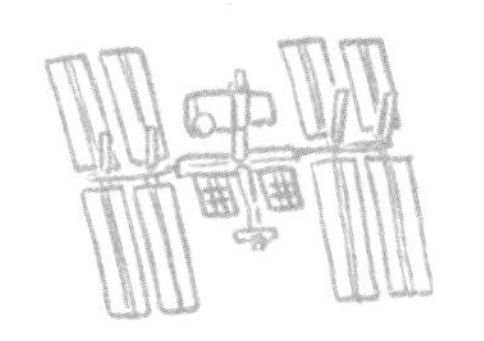

13 体脂秤是使电流通过身体来进行测量的吗

机械体重秤使用的原理是我们在学校学的“弹簧测力计原理”，那么电子体重秤和体脂秤是如何测量体重和体脂的呢？

◎体重测量的基础——胡克定律

机械体重秤中使用了弹簧或者杠杆，利用胡克定律通过弹簧压缩来测量体重。胡克定律指出：弹簧一类的弹性[①]材料在受力时，形变量和所受的力成比例相关。实际上这个定律还提到在弹性范围内，弹性物体受力大小和形变量成正比，且比例相当精确。而且胡克还证明了金属、木头、石头、陶瓷、毛发、犄角、绢、骨头、肌腱和玻璃等许多物体也适用于这一原理。

电子体重秤一般使用的是金属制成的“弹性体”来代替弹簧，所谓“弹性体”就是会产生与所受外力成比例的形变的物体。

◎电子体重秤测量的是金属的电阻

那么电子体重秤又是如何测量体重的呢？实际上电子体重秤的内部结构非常简单，一般由 4 个传感器以及通过配线与之连接的底

① 弹性指弹簧之类的东西受到外力时发生形变（伸长或者缩短），外力消失后恢复原状的性质。

座组成。

所谓传感器，就是在“弹性体”上贴上形变尺，再在形变尺上贴上金属箔的装置。受到外力后，金属箔和弹性体同时发生形变，出现轻微的伸缩，电子体重秤通过电流测量到形变的量，从而得出结果（见图 2–5）。

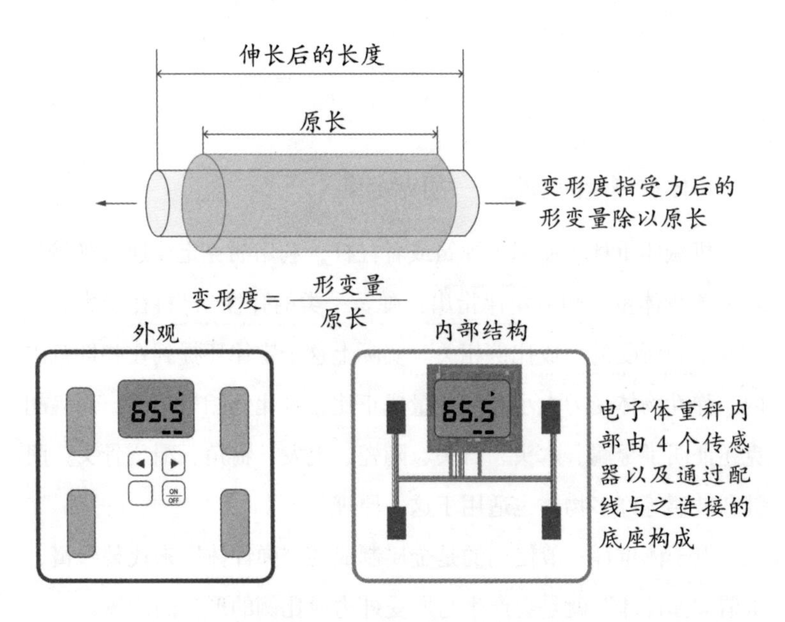

图 2–5 电子体重秤的工作原理

原理是金属的电阻和横截面积成反比，和长度成正比。金属拉伸后横截面积变小，长度增加，电阻变大；反之，金属缩短，电阻变小。

人站到电子体重秤上，受体重影响，弹性体就会和金属箔同时发生形变。测量出通过的电流和电压值就能计算出电阻，并最终转换成体重的数值。当然，不管站在体重秤的哪个部分，或者以什么样的姿势站立，测出来的体重都不会发生改变。因为虽然各个传感器的受力会发生变化，但是从力学平衡的角度来看，4个传感器受力之和等于体重和设备的重量之和。也就是说，4个传感器受力之和减去设备重量，再转换成体重数值的全过程都是在体重秤的底盘中完成的。

体重秤的自重在初始设置阶段就会被自动添加，但是不同地区的重力大小不同，所以在初始设置时需要补充地区设置来纠正重力偏差。

◎让电流通过人体来进行测量

人站上体脂秤，脚掌接触电极就会有微电流流经人体，通过测量电阻的变化就能计算出体脂率。人体的肌肉组织和脂肪组织的电阻不同。水中含电离子，肌肉中含水量多，所以电流更容易通过；而脂肪中含水量少，相比之下，电阻就大得多，电流不容易通过。体脂秤就是利用人体的这一特点来工作的。

然而就算体脂率相同，由于电流在身高更高的人身体中通过的距离更长，所以电压也会变大。那么在使用体脂秤之前还需要设置使用者的年龄、身高和性别。

虽然体脂秤只是释放微弱的电流通过脂肪，但是脚掌厚厚的脂肪电阻比较大，能通过脚掌的电流已经超出人能承受的安全范围。因此，使微电流通过脚掌中皮下脂肪比较薄的脚尖，并在脚跟处测量电压，就可以计算出电阻。这就是体脂秤只在两侧接触脚尖和脚跟的位置设置电极的原因。

此外，将电极分成释放电流和测量电压的4个电极，就可以测出人体内变化的电阻。若非如此，体脂秤就只能测出和电极接触的皮下脂肪的接触电阻。

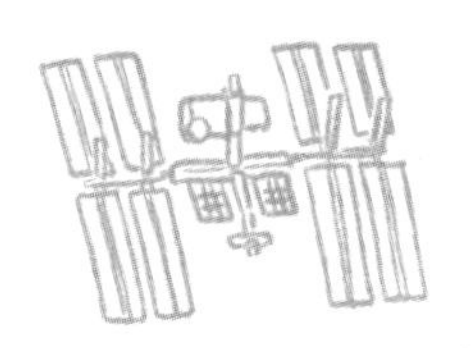

14 蒸汽炊具的工作原理是什么

> 2004 年，蒸汽炊具——蒸汽烤箱正式发售。这是一款使用高温水蒸气加热食物的炊具，之后还有很多类似的炊具相继上线投入销售。

◎水的三态变化

我们生活的地球，表面 70%被水覆盖，其中又有 98%以上是海水。从太空中看，地球充满了水，所以被誉为“水行星”。

在我们的生活中，水有固态、液态和气态三种形态（见图2－6）。在 1 个标准大气压下，冰的熔点或者说水的凝固点为 0 ℃，水的沸点为 100 ℃。也就是说，将冰加热至 0 ℃ 就会融化成水，加热至 100 ℃ 就会沸腾变成水蒸气。无论处于 0 ℃ 以下的冰，还是 0 ℃、30 ℃、90 ℃ 的水，都能变成水蒸气；反之，也能由水蒸气变成水和冰。

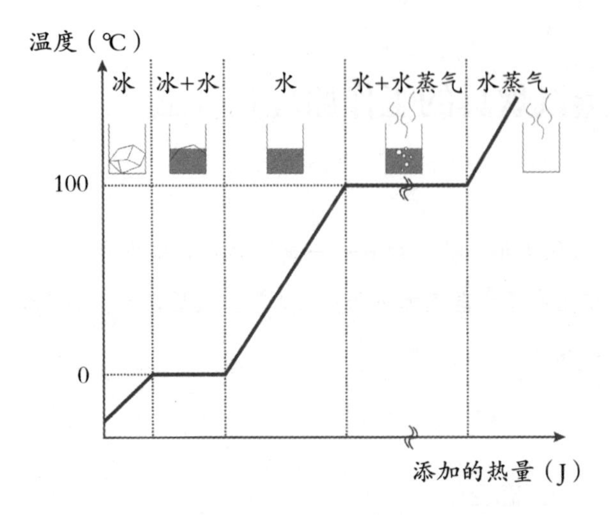

图 2-6 水的三态变化

◎不断加热水蒸气会怎样

沸腾的水中出来的水蒸气温度是 100 ℃，如果继续加热，就会变成高温水蒸气。

假如使水蒸气通过线圈状的铜管，并用燃烧器加热铜管，管中的水蒸气温度就会超过 100 ℃，达到 200 ℃、300 ℃、400 ℃，变成过热蒸汽。高温干燥的水蒸气能点燃火柴，烧焦纸张。这里的纸张确实不是被蒸汽打湿的，而是被烧焦的。

那么如果再继续加热，水蒸气温度继续上升又会怎样呢？

水分子是氧原子的两侧各键合一个氢原子构成的。氢、氧原子间的振动也属于热能的一部分。处于低温状态时这种振动可以忽略不计，但是温度越高振动越激烈，在温度达到数千摄氏度时，氢原子和氧原子之间的键断裂，水就被分解成了氢元素和氧元素。

温度继续上升，达到太阳表面温度——6000 ℃ 时，氧气分子就会变成氧原子；达到 7000 ℃时，氢气分子就会变成氢原子。

如果达到数万摄氏度，原子形态都无法得到维持。原子核和电子分离，各自开始独立运动，形成等离子态[①]。

◎蒸汽烤箱使用过热蒸汽进行加热

蒸汽烤箱将 300 ℃以上的高温水蒸气喷洒在食物表面进行加热（见图 2–7）。喷洒在食物上的高温水蒸气加热食物后，自身温度下降液化成水，就会在食物表面结露。

但是食物表面的温度超过 100 ℃时，无论高温水蒸气如何冷凝，都不会结露，反而是食物中的水分会被过热蒸汽的热量带走，所以食物不会被水蒸气打湿，而会被烤得酥脆可口。更神奇的是，蒸汽烤箱的高温能将食物中的盐分和脂肪溶解进水中并排出。

又因为烤箱中的空气被排出，所以空气中含量高达 21 %的氧气也急剧减少。缺氧环境中，食物中的成分不容易氧化，所以能避免维生素中易氧化的成分变性，这样才能做出营养美味的食物。[②]

---

① 等离子态为固态、液态和气态之外的第四种物质形态。温度上升导致原子核周围环绕的电子脱离原子核的吸引，分解成阳离子和自由电子，这个过程就叫作电离。含有电离产生的带电粒子的气体叫作等离子体。

② 最初发售的蒸汽烤箱仅使用过热蒸汽加热，之后又开发出在过热蒸汽的基础上混合微波加热，或烘烤加热，或者三者均有的产品，统称为蒸汽微波炉。

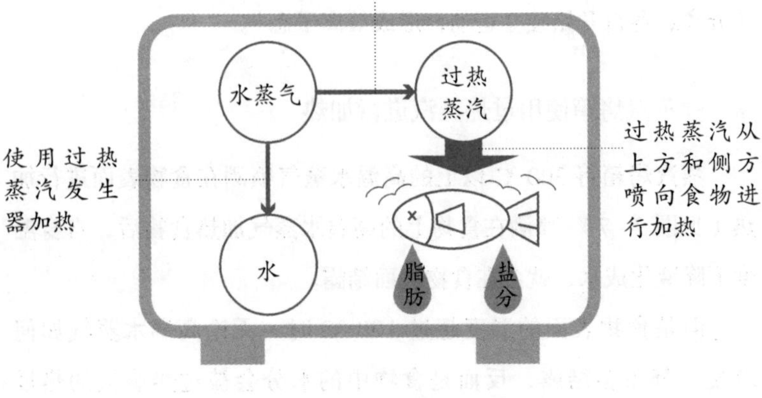
使用过热蒸汽发生器进一步加热
水蒸气
过热蒸汽
使用过热蒸汽发生器加热
水
过热蒸汽从上方和侧方喷向食物进行加热
脂肪
盐分

图 2-7 蒸汽烤箱的构造

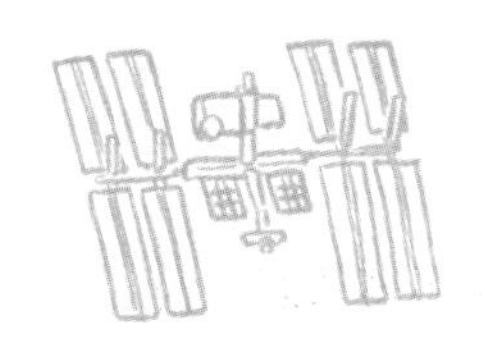

15 为什么人可以靠双腿直立

人进化的成果就是可以靠双腿直立，这是因为人脑使内耳的功能和视觉信息一致，并且使重心保持在一个稳定的位置。

◎所谓稳定

类似人体的细长的柱形物体要保持直立不倒，需要的条件如图 2–8 所示，重心（点G）要在身体从上到下的 40%～50%处。要使双腿起到支撑身体的作用，重心的垂线必须落在双脚的范围之内。

如果是机器，可以通过水平仪来测量是否发生倾斜。在容器内注水，利用水面水平的性质，观察水面状态即可确认。但对于人类来说更重要的是，如果体内外受到了晃动或者冲击，使之失去保持静止的条件，那么人体如何感知并在跌倒之前做出补救？

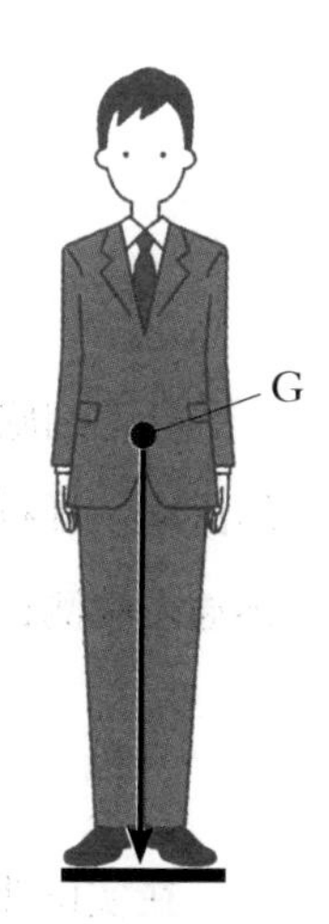

图 2–8

◎平衡器官的构造

令人吃惊的是，人体内也有类似水平仪的构造。但使用的不是水，而是果冻状的淋巴液。

耳膜的内侧是名叫“鼓室”的空腔。如图 2–9 所示，鼓室内侧是耳蜗，耳蜗内的淋巴液受到振动，人就能听到声音。在耳蜗的上方是前庭和半规管，这两个器官负责感知人是否处于平衡状态。前庭中有果冻状的淋巴液，还有名叫“平衡石（耳石）”[①]的微粒。

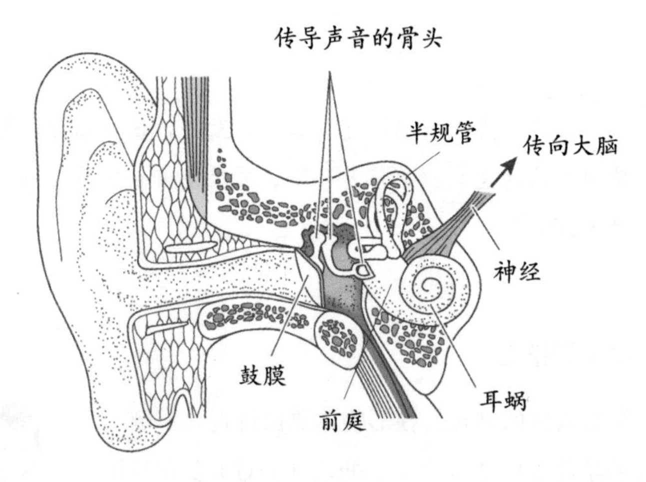

图 2-9 人耳构造

耳毛细胞底部是神经末梢，所以如果前庭倾斜，伴随着淋巴液的流动，耳石也会随之而动，带动耳毛细胞，转化为神经冲动。人体通过检测这种倾向，感知是否平衡。

◎视觉也十分重要

在实际生活中，人以看到的外部事物为参考来感知水平和垂直。如果在一张 1 m 见方的纸上，每隔 5 cm 画一条 3 cm 粗的竖线，共画 7 条，首先使竖线垂直于地面，盯着看一段时间，然后突然旋转 20° 左右，看的人甚至可能无法继续站立。

① 由碳酸钙构成。

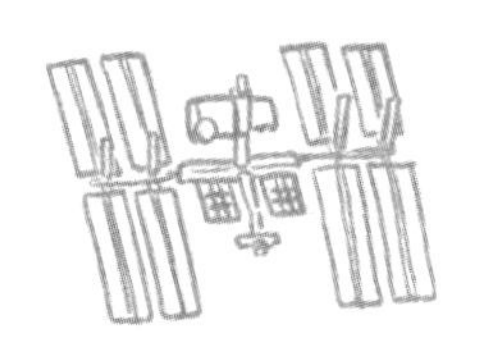

16 为什么自行车跑起来就不容易倒

人只要学会了骑自行车，那么之后骑车就会很自然，不用考虑其他的东西。能产生这种“身体记忆”，是因为自行车本身具备独特的车身结构，还因为人会在下意识中执行已经学会的操作技术。

◎自行车怎么向前跑

脚踩踏板让车轮转起来，自行车一向前跑，车胎和路面之间适当的摩擦力就会发挥作用。轮胎不打滑地持续转动，就会受到来自地面向前的力，推着自行车向前跑。

关于摩擦力产生的原因，“凹凸啮合说”由来已久，这个学说主张互相接触的物体表面粗糙不平的地方互相咬合，物体要沿接触面继续滑动就会产生摩擦力。但是实际上，就算仔细抛光过，物体表面的摩擦力也不会降得太低，反而越打磨摩擦力越大。

现在最有力的说法是“黏附说”，主张物体相互黏附在一起的力是摩擦力产生的原因。该学说认为无论如何打磨，物体表面仍然会有细微的凹凸颗粒存在，所以将两个研磨面合在一起，实际接触的面积不到研磨面的 1/1000，但是所受外部压力越大，接触的面积也就越大，最后到达分子引力发生作用的范围，这时克服分子引力的就是摩擦力。

橡胶的特性是容易变形，更容易和路面凹凸的部分契合，是摩擦力较大的材料，因此可以用于制作制动力和驱动力优异的轮胎。

◎自行车很难倾倒的原因

自行车车体倾斜的时候，只需要将车把向前轮的方向拧，车体就能恢复直立。这个操作要成功需要具备三个条件。

条件①：轮胎接地点在叉管延长线与地面交点的后方

自行车在设计时，叉管和地面之间就有一个夹角，使叉管的延长线与地面的交点在轮胎的接地点之前，以此来保证车把可以转向自行车倾斜的方向（见图 2-10）。车体如果向左倒，就向左转车头，因为原来直行时只有轮胎和地面的摩擦力推着自行车向前走，现在向左转产生的离心力会将自行车推向外侧，即右侧，所以左转车头就能避免自行车倾倒（见图 2-11）。

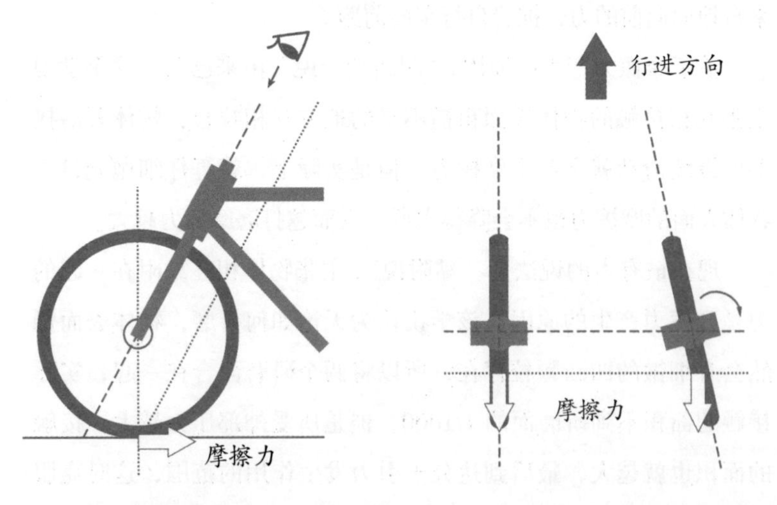

图 2-10 叉管延长线和地面的交点在轮胎接地点之前　　图 2-11 左转车头，离心力向右

条件②：前轮的重心比前轮轴更靠前

叉管下方的前叉在前轮轴附近微微弯曲，使前轮的重心比前轮轴更靠前，也使自行车更容易倒向车头转动的方向。想必德国喜剧王在电影中骑的那种前轮重心在叉管正下方的自行车应该非常难操作。

条件③：作用于前轮的陀螺效应

陀螺效应指陀螺等物体在旋转时，都有保持旋转轴方向的特性。如图 2–12 所示，倾斜旋转中的轮轴，那么转椅上人的身体也会发生倾斜。再参照图 2–13 所示，旋转中的车轮向左倾斜时，车轮最前方向正下方作用的力就会变成向右下方作用的力。为了对抗这个力，来自左下方的惯性力会进一步向正下方施加作用。这个惯性力也会使坐在转椅上的人开始旋转。这就是防止自行车跌倒的陀螺效应。

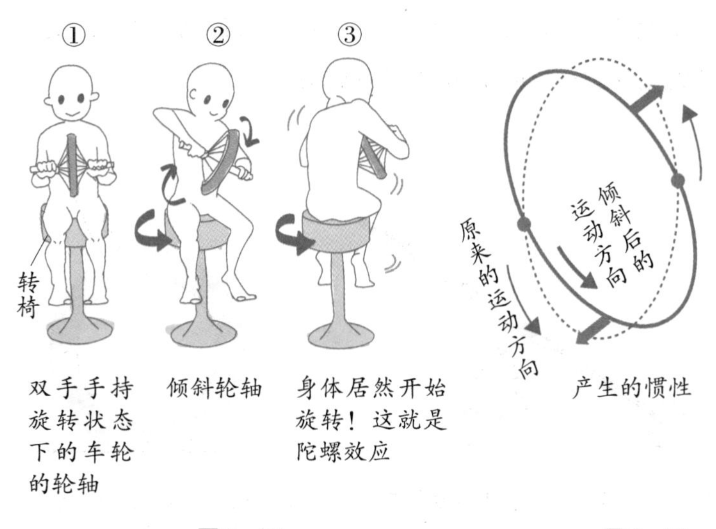

图 2–12　　图 2–13

但是如果达不到一定的转速，那么陀螺效应就无法发挥作用，也无法产生足够的惯性力。

◎骑车人的技术相当重要

图 2–14 中的自行车与条件①相反，叉管延长线和地面的交点在轮胎接地点之后，而且因为前后轮上都装了反向旋转的车轮，来抵消陀螺效应，所以也不满足条件③。最终满足的只有条件②，但是前轮的重心也只比叉管靠前一点点。

尽管如此，自行车还是能保持不倒，平稳前进。也就是说，虽然上述 3 个条件有助于自行车平稳行驶，但是并非 3 个条件要同时满足。

另外，人骑车也会增加自行车的稳定性。自行车直行时，人可以轻微地活动身体来移动重心，或者轻微转动车头，巧妙地使自行车保持稳定。令人感到意外的是，平时骑自行车拐弯时，人会在无意识中轻微地往行进方向的反方向转头。

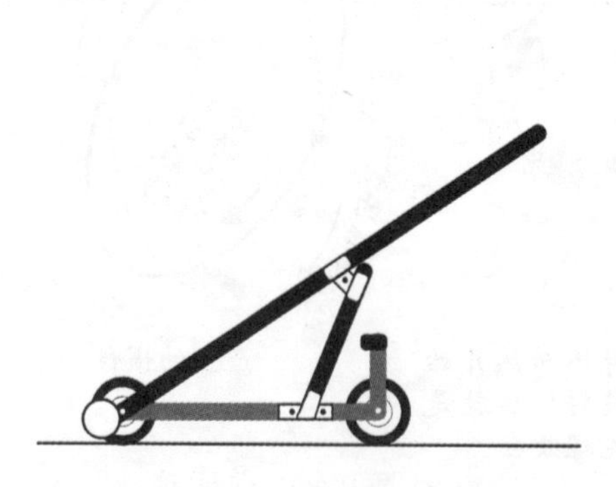

并非同时满足 3 个条件的自行车

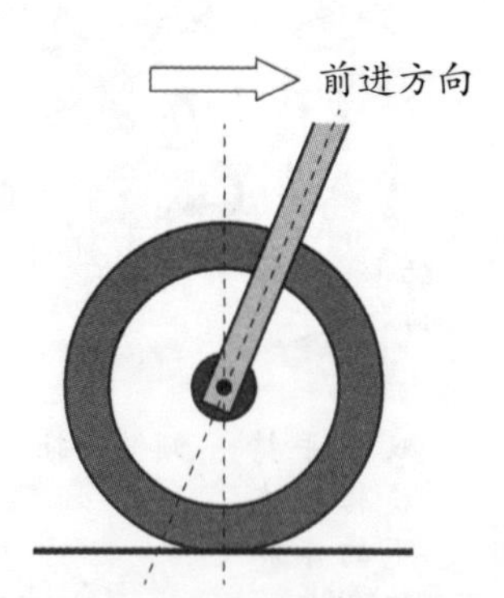

叉管延长线和地面的交点位于前轮接地点之后

图 2–14

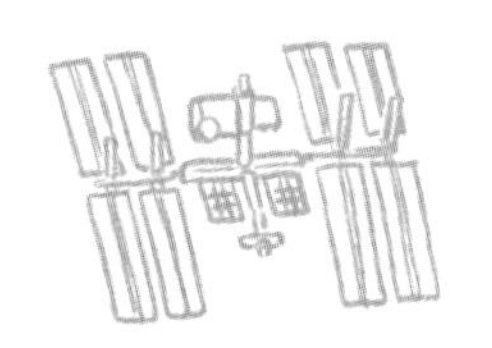

17 游乐园的跳楼机可以体验到多少倍的重力加速度

> 我们无法摆脱重力。假设平时我们感受到的重力加速度为1G，但是在游乐园里我们能享受到更大或更小的加速度。

◎向井千秋从太空飞行回来后做的第一件事

1994年从太空归来的向井千秋医生是首位搭乘美国航天飞机执行太空飞行任务的日本女性。

她曾经说过，失重环境非常不可思议，也非常有趣。我们生活在重力环境中觉得再正常不过，所以从来没有注意到的事情，如果没有重力就无法实现。比如：窗帘能垂挂在房间里，衣服能服帖地穿在身上，杯子能放在桌子上，水能自然地流向排水沟，这些都是重力使然。再比如，圆珠笔在失重环境中无法下墨，所以就写不出字。如果这一切能从“重力使然”的角度去观察、学习和了解，也会非常有趣。

◎乘坐电梯时重力加速度的变化

在地球上，自由落体运动（初始速度为0的落体运动，即匀加速直线运动）中受到重力的持续作用而产生的加速度被称为

“重力加速度”，数值为 9.8 m/s²。物体的质量乘以重力加速度就是地球上物体的重力。

做个实验，在摩天大楼的电梯里放一个体重秤，人站在体重秤上从最高层降到第一层，观察过程中体重秤的数值变化，你会发现：一开始数值会变小，身体突然有浮起来的感觉[①]；等进入匀速下降阶段数值恢复正常；接近第一层，开始做减速运动时，数值变大，人体略有受到压迫的感觉。

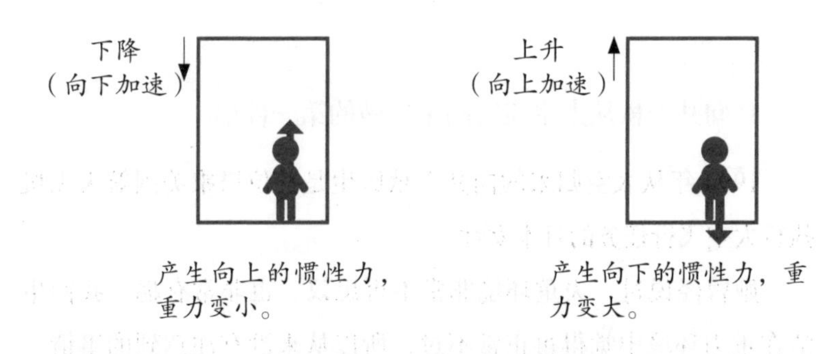

图 2-15 电梯的运动和重力

运动过程中，质量并没有发生改变，只不过因为重力加速度发生变化，所以体重秤的数值也发生了变化。如果令平时的重力加速度为 1G，那么数值变小的时候就是重力加速度小于 1G，数值变大的时候则是重力加速度大于 1G（见图 2–15）。如果电梯的缆索突然断裂，电梯开始做自由落体运动，重力加速度则会回归 1G，体重秤的数值为 0。

① 经过改良，最近的电梯在开始下降的瞬间已经没有了飘浮感，但是容易出现类似下蹲的感觉。

◎游乐园刺激项目带来的快感和飘浮感来自加速度

游乐园里的跳楼机和过山车可以体验接近自由落体速度的急速下降。

八景岛游乐园的跳楼机高 107 m，约 35 层楼高，落下时最大速度为 125 km/h，加速度最大为 4G，也就是说，瞬间加速度达到了平常重力加速度的 4 倍。

富士急乐园 2011 年建造的大型过山车——高飞车，加速度最高可达 4.4G。乘坐高飞车的人仰面朝上被瞬间带到 43 m的高空后，以下落的姿势静止几秒，再缓缓向前行驶一段距离，随之以 121° 向下坠落，从侧面看下落的轨道甚至会向内弯折。2019 年，美国以 125° 向下坠落的过山车超过了高飞车，成为新的世界第一。

人体可承受的加速度为 1 ~ 6G。超过 6G，血液就无法到达心脏以上部位，特别是无法达到大脑，会造成缺氧。如果加速度很大，会产生巨大的力使血液向脚部流动，但是心脏没有足够的力与之对抗并将血液送出。

◎战斗机的高G

客机起飞时，向后的加速度为 0.3 ~ 0.5G，垂直方向的加速度为 1.2 ~ 1.3G。

战斗机快速盘旋时加速度一般为 3 ~ 5G。当一名战斗机飞行学员第一次跟着教官进行训练，加速度达到 3G 时他可能就会晕倒。其实游乐园里 4G 的加速度只是瞬间加速度，但是战斗机会长时间内保持高加速度，两者还是有区别的。因此，在针对飞行员的训练中，还会用到离心机来进行加速度为 9G 的训练[1]。

与高加速度相反，因为做的是自由落体运动，所以蹦极是重力加速度为负的体验。但是安全绳拉伸到最大限度后，人被反复弹起的过程中就需要承受很大的加速度。

① 有时在训练中学员会穿上特制的鞋，可以减轻 2G 左右的加速度。

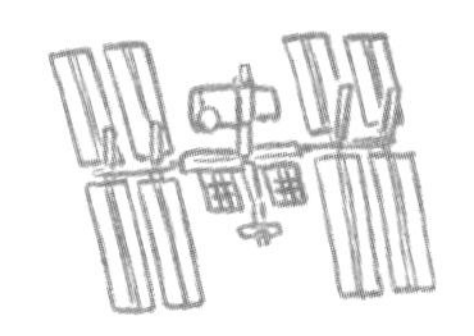

18 国际宇宙空间站不是处于无重力状态，而是无重量状态

国际宇宙空间站中有“宇宙”两个字，但是仍然会受重力影响。那为什么航天员看起来还是轻飘飘的？

◎国际宇宙空间站离我们并不远

国际宇宙空间站，以下简称ISS（International Space Station），是目前最大的人造卫星。整个空间站包括太阳能帆板在内，约有一个足球场的大小。空间站一般有 3～6 人常驻，他们一边工作一边进行各种科学和医学方面的实验和观测。

ISS的运行轨道呈圆形，距离地表 400 km，与大阪到东京的直线距离相当[①]。地球的半径约为 6400 km，相比之下ISS基本是擦着地球飞行，因此必然会受到来自地球的万有引力作用，也就是说，会受重力影响。正是因为被地球的万有引力吸引，所以无论是人造卫星还是月球，都不会飞离地球。

◎航天员在空间站里的感觉和玩跳楼机一样

从ISS的视频来看，飞船里的航天员都轻飘飘地浮在空中，不

① ISS 的运行速度为 8 km/s，绕轨 1 周仅需 90 分钟。

用脚也能灵活地在飞船里穿梭。这就是我们所说的“无重力状态（失重）”。但是前面我们提到，实际上空间站距离地球非常近，并非不受重力影响，所以我认为看上去没有重量的“无重量状态”更为贴切。那为什么会出现这种情况呢？

前文中提到的跳楼机，在座椅做自由落体运动的时候，游客会体会到身体离开座椅的飘浮感。自由落体运动和物体的重量无关，所以游客和座椅会一起坠落，不会互相施力。如果把人关在看不见周围景色，并处于自由落体运动的房间中，人就会觉得自己在房间中飘浮，体会到所谓的“无重量状态”。实际上航天员在整个太空飞行中一直体验的就是这种感觉。

◎从使用抛物线飞行进行无重量训练到飞向太空

当然，并非只有自由落体运动中才能体验无重量状态。扔东西时，脱手的一瞬间，物体仅靠重力飞行，会画出一道抛物线。这一运动也和物体质量无关，只要初始速度相同，所有物体的运动路径都相同。将乘客连同所在的房间一同扔向空中，乘客也能体验到“无重量状态”。

在航天员训练中会利用飞机的“抛物线飞行”进行训练，为了精确地模拟乘客和行李物品被抛到空中的状态，训练中会操控飞机精确地沿着抛物线飞行，让舱内看上去处于无重量状态。

放任飞机沿抛物线运动就会撞到地面上，但由于地球是圆的，所以航天员和飞船仅凭重力就可以继续做永远不会落地的自由落体运动。[①]

---

① 人造卫星发射速度为 8 km/s，正好使运行轨道的弧度与地球表面的弧度相同。

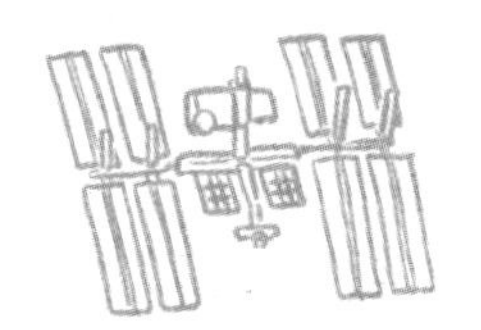

19 驱动“隼鸟2号”的离子引擎到底是何方神圣

> 日本“隼鸟2号”小行星探测器在行星之间航行使用的是离子引擎驱动。这是新一代的“电推进”空间技术，工作原理与以往的火箭引擎完全不同。

◎成功着陆“龙宫”

日本“隼鸟2号”小行星探测器于2014年12月从地球出发，成功完成对小行星“龙宫”的探测后，在2020年返航，将采集到的样本送回地球。初代“隼鸟”探测器完成了对小行星“丝川”的探测，作为“隼鸟”探测器的升级版，2019年“隼鸟2号”再度成功着陆“龙宫”，成功创造多个世界纪录。能成功从月球以外的天体采样返回，日本在这方面的技术无疑是优异的。

◎火箭推进的原理

宇宙中航行的探测器变更轨道和加、减速等一般使用的都是“化学推进”，也就是通过燃料的燃烧等化学反应喷射出高速气流，来获得反推力。宇宙是真空环境，除了向外投射物体获得改变运动状态的反推力，别无他法。因此必须囤积足够的燃料和支持燃烧的氧气等氧化剂，这也是为什么火箭的大部分重量被推进剂的重量所占据。

化学推进基于“动量守恒定律”。动量=质量×速度，所以火箭推进剂释放的动量越大，获得的反推力也越大。化学推进中气体喷射的速度为2.5～4.5 km/s，如果这一速度能够得到提升，那么使用更少的推进剂，就能获得同样的效果。但只要是利用化学反应，就无望实现跨越式的提升。

◎离子引擎是什么

僵局之下，带来突破的就是“隼鸟2号”和初代“隼鸟”探测器上搭载的离子推进器。推进器使用氙气做推进剂，高中化学课上可能提到过这种稀有气体。那么作为一种不容易发生化学反应的惰性气体，氙气为什么能做推进剂呢？

氙气被类似微波炉的装置所发出的微波离子化，变成等离子态。再在1500 V的强电场中将氙气离子加速喷出，速度可达30 km/s，约为化学推进的10倍。通过这种方式就能大幅减少推进剂的用量。

“隼鸟2号”整体重600 kg，其中仅搭载66 kg氙气，光燃料一项就节省了数倍的空间[①]。

◎细水长流

“隼鸟2号”搭载了4台相同的离子推进器，最多可以同时运行3台，但是每台离子推进器只有勉强举起一枚一元硬币的力。这样微弱的力量能让重达600 kg的探测器加、减速吗？

---

① 如果要用化学推进获得相同的动力，则至少需要300 kg的推进剂，重量占探测器的一半。

关键还是在于时间。宇宙处于真空状态，没有任何阻挡，所以即使是非常小的力也能获得切切实实的反馈，剩下的事情只要交给时间就可以了。离子推进器可以连续运行数月，所以可以像图 2–16 所示，不急不缓地积累成果，花费数月时间一点一点地改变飞行轨道和飞行速度。电推进使用的离子推进器的能源来自太阳能帆板发电，所幸太空中没有遮挡物，随时可以获取太阳能，所以离子推进器是极度经济的绿色推进技术。

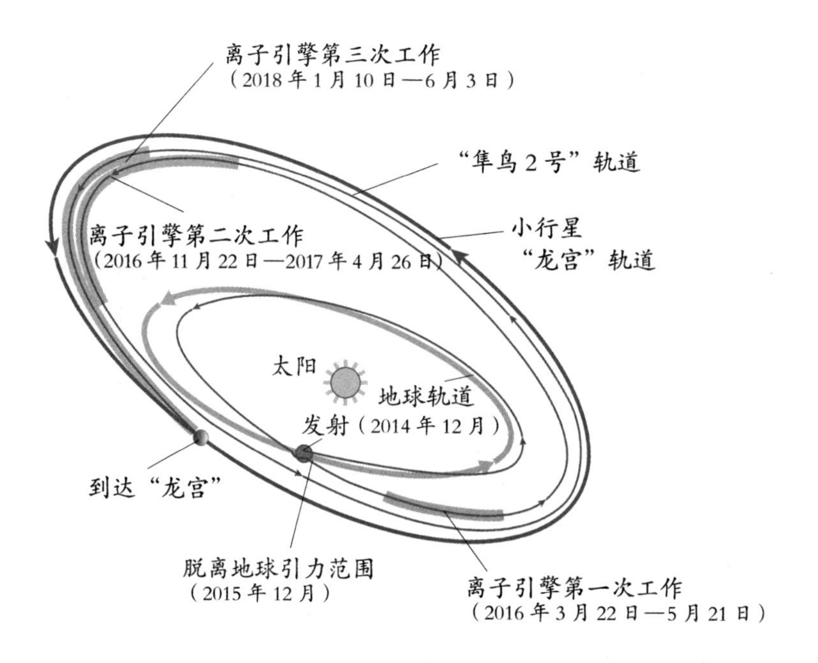

图 2–16 “隼鸟 2 号”运行轨道

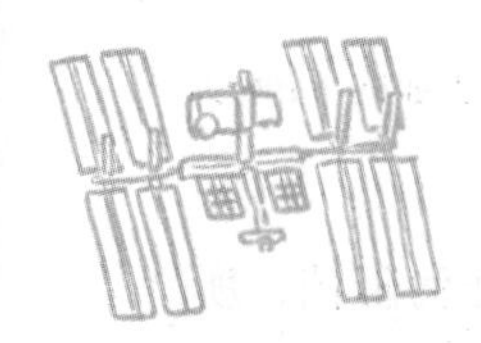

20 为什么在月球表面行走的航天员看起来轻飘飘的

距离人类第一次在月球表面行走已经过去 50 年。从当时的录像来看，航天员像被开了慢动作特效，每一步都走得轻飘飘、慢悠悠。这是因为月球上的重力小于地球。

◎“阿波罗 11 号”成功登月已过 50 年

日本时间 1969 年 7 月 21 日下午，“阿波罗 11 号”的指挥官阿姆斯特朗在月球的“静海”留下了人类的第一枚足迹。虽然时间已经过去半个世纪，但是在地球之外的天体上成功行走的也只有“阿波罗”11 号 ~ 17 号的 12 名航天员[①]。

当时的录像中，穿着白色航天服，在月球表面活动的航天员们轻飘飘地在月球表面跳跃行走的身影，给人们留下了深刻的印象。为什么航天员在月球上是这样活动的呢？

◎月球表面的重力是地表的 1/6

秘密在于重力。所有有质量的物体之间都会通过万有引力互相

① 1970 年 4 月，“阿波罗 13 号”由于发生事故没有登陆月球，直接返回了地球。

吸引，虽然万有引力非常弱，但是由于万有引力的大小和物体的质量成正比，所以如果受到与地球大小相当的物体或者天体吸引时，我们也会感受到自己的“体重”。也就是说，重力就是来自天体的万有引力，在月球表面也要受到月球的重力。但是月球的半径仅为地球的 1/4，质量仅为地球的 1/80，是一个小型天体，所以表面的重力也仅有地表重力的 1/6（见图 2–17）。

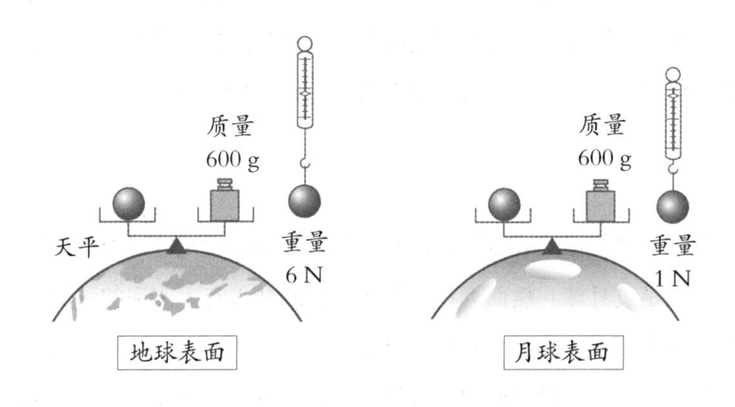

图 2–17　月球表面的重力是地表的 1/6

处在重力弱的环境中会发生什么样的变化呢？首先，会感觉身体和行李都变轻了。在地表体重 60 kgf 的人，在月球上体重就只有10 kgf。将维持生命的背包计算在内，“阿波罗号”航天员的航天服在地球上质量高达 82 kg，但在月球上重量仅为 14 kgf，因此对于在月球表面行走的航天员来说，负担并不是特别重。

其次，重力弱会影响行走。在月球上人的肌肉力量并不会发生改变，所以如果在月球表面跳一下，高度能达到在地表的 6 倍，当然在空中停留的时间也是地表的 6 倍。同样，在月球表面要踏出一步，由于身体轻飘飘的，就要花费地球上 6 倍的时间脚才能落地，但同时步幅也会是在地表上的 6 倍。正是这个原因使在月球上行走的航天员像是开了慢动作特效，并且即使穿着非常厚重的航天服也能轻飘飘地跳跃行走。

1971 年，“阿波罗 15 号”成功着陆月球，指挥官斯科特在月球表面做了一个实验。实验通过实时转播传到地面，画面中斯科特两只手分别拿着采集岩石的大锤子和一根隼鸟的羽毛，并在同样的高度放手，最终锤子和羽毛缓缓落下，并同时到达月球表面。这段视频证明月球是一个重力仅有地表 1/6，并且真空的环境。

◎下一次登月

载人登月工程的成本极高，所以在长达半个世纪的时间里，没有人再踏足过月球。然而近些年月球资源的开采有了实现的可能，所以登月计划再一次进入人们的视野。

过去很长的一段时间中，人类都以为月球是一个没有空气，也没有水资源的干燥天体。但是近来的探测结果显示，月球两极附近的环形山等阳光照射不到的永久黑暗区极有可能存在大量的冰，所以未来人类有望使用月球上的资源。也许不久的将来就会展开一场先到先得的资源争夺战。

月球上重力弱，也没有空气，所以人在月球表面的活动困难重重，但是这些条件也意味着人们可以更轻松地将物资运离月球。因为重力越小，发射飞船所需的燃料越少。

以月球为跳板，登陆火星的国际空间站“月球轨道平台门户”[1]计划已经确立。美国等国家也将着手实施“阿尔忒弥斯计划”，时隔半世纪，载人登月工程得到重启，届时将有第一位女性航天员登上月球。

① 提议在月球轨道上建设载人空间站的计划。由NASA等主导项目进程，预计2020—2030年进行建设。

第三章

舒适生活中的物理

21 真正的体温是哪里的温度，应该怎么测量

不同身体部位测出的体温不同。人体的深部体温不容易受周围环境的温度和自身发热等因素的影响，基本保持在37 ℃左右。腋下测量的温度则比深部体温低1 ℃左右。

◎体温到底是哪里的温度

在寒冷的冬天外出时，脸和手会变得冰凉，但是肚子里边并不会。所以体温并不是身体表面的温度，而是身体内部的温度。准确来说，体温是保护大脑和心脏等重要脏器的温度，又称为“深部体温”。无论是环境温度发生变化，还是生病导致发热，深部体温都在37 ℃上下2 ℃范围内轻微波动。

我们身体内部发生着各种各样的化学反应来维持生命活动。温度越高，化学反应越迅速，但是如果温度达到41 ℃～42 ℃，参与化学反应的酶[①]就会变性，失去原有功效。所以身体会尽量调节体温使之保持在37 ℃左右，即使出现异常情况，也不会达到41 ℃～42 ℃。

① 酶是人体内重要的催化剂，其主要成分是蛋白质。氨基酸等在蛋白质中形成三维结构，该结构受热后会发生变化，导致蛋白质失去活性。

◎体温应该怎么测

就算了解体温是深部体温，也很难直接进行测量，所以人们通常会把腋窝处测量的温度视为体温。但是相比腋窝温度，直肠和口腔的温度更能反映深部体温，其中直肠温度最接近深部体温，它的数值比腋窝温度高 0.8 ℃ ~ 0.9 ℃。

◎测量平衡温度

使用水银温度计测量腋窝温度的时候，需要测量 5 分钟以上，准确来说，这并不是在测量深部体温，而是在观察腋窝处的热平衡[①]。因为体表范围内，腋窝相对来说不容易受外界环境温度的影响。

温度计和皮肤接触后，就会发生热传导，热量从温度较高的体表传向温度较低的体温计，10 分钟之后两者温度趋于相同，到达热平衡状态。因此花费 10 分钟在腋窝和口腔中测量的体温，实际要低于深部体温。

◎平衡温度的预测式测量

有的电子体温计只需要夹在腋下数十秒就可以测量出体温。因为电子体温计的一端装有一种叫“热变电阻”（随温度变化而变化的电阻）的温度传感器，温度高时电流容易通过，温度低时电流不容易通过。安装了热变电阻的电子体温计数十秒就能测出体温，秘

① 水银柱停止上升时，温度计和周围的温度达到热平衡状态，温度计显示的温度叫作平衡温度。

密就在于“温度预测”。电子体温计中的微电脑通过统计学手段处理存储于其中的大量体温测量数据，因此以刚开始测量的温度上升数据为基础，就可以预测 10 分钟后的平衡温度（见图 3–1）。

◎用红外线测量温度

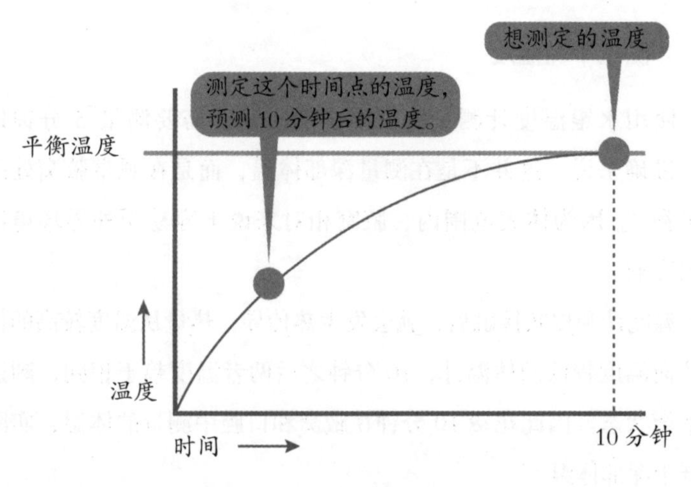

图 3–1 通过预测测量平衡温度

有一种体温计，靠近额头和耳朵里的鼓膜，按下按键后，最短 1 秒就能测出体温，这就是放射温度计。所有的物体都会放出红外线[①]，传感器感知之后就会转化成温度。

因为不用直接接触就能测量，所以不仅能轻松给四处跑、安静不下来的孩子测量体温，而且有助于预防传染病。鼓膜距离大脑

① 红外线是波长为 0.76 ～ 100 μm 的电磁波。其中适合测量温度的红外线波长为 8 ～ 14 μm。温度不同，红外线的能量也不同，所以通过测定红外线能量的大小就可以计算出温度。

近，不容易受到外界空气的影响，所以与深部温度更接近，并且温度更加稳定。

使用红外线测量体温的仪器还有热成像仪，测定的体温可以通过彩色的温度分布图呈现出来。以前这个设备的价格高且体形硕大，近来小型的热成像仪已经投入市场。

2020 年，为了阻挡新冠病毒感染者入境，机场等地都设置了热成像仪监控系统。因为感染者会出现 38 ℃ 以上的高烧，虽然脸被口罩遮着，但是通过额头和脖子等裸露的部位也可以测定温度，所以很容易筛查出体温过高的人。

22 为什么哈气和吹气时的温度不一样

哈气和吹气，气体离开嘴时的温度都是一样的，为什么手心感觉到的温度差异很大呢？这和“卷吸效应”有关。

◎人体的热量指什么

同样是从嘴里呼出的气，张大嘴慢慢哈出来的气和缩着嘴吹出来的气温度大不相同。原因到底是什么呢？在思考这个问题之前，我首先讲一下手心的温度。

人体的平均温度在 36 ℃ ~ 37 ℃。人从摄入的食物中消化、吸收的营养成分，在细胞内和氧气发生化学反应产生热量，供给人体。人在静止状态时，身体的大部分热量由内脏产生，骨骼肌运动产生的热量只占 25%。如果人处于非静止状态，比如说行走时，骨骼肌供给的热量就会占到约 80%。

全身的热量通过血液被输送到心脏，然后再由心脏将温热的血液输送到全身，并到达皮肤。如果浅层皮肤的毛细血管中血液增加，皮肤表面的温度就会上升，反之则会下降。

因为皮肤直接与空气接触，所以最容易放出热量，可以起到散热的作用。这样一来，人体的热量就处于收支平衡的状态，身体也能保持温度恒定。

◎哈气和吹气的区别

假设气温为 30 ℃。这个温度相当于夏天的温度，如果没有风，许多人就会感觉到“热”，这时人的皮肤表面是什么样的呢？

我们的皮肤表面被静止的空气层包裹，空气层被加热至与皮肤的温度相当，就像穿了一件空气外套，这件空气外套在无风状态下厚 4 ~ 8 mm。空气的隔热性能非常好，所以这件空气外套越厚，热量越不容易传导，最终的结果就是尽管周围的温度为 30 ℃，低于人体温度，但是皮肤温度并不会降到 30 ℃，而是高于 30 ℃。

但是如果风吹过皮肤，这件空气外套就会变薄。风越强，空气层越薄。

如果无风时，空气层厚 6 mm；那风速为 1 m/s 时，空气层会变成 1.5 mm；风速达到 10 m/s 时，空气层会变成 0.3 mm。风扇的风速一般为 1 ~ 3 m/s。这层“静止的空气层”越薄，人体的温度就越容易被 30 ℃ 的空气“带走”，人也就越能感到凉爽。

哈气时，哈出的气息被体温加热到 34 ℃。吹气时，除了缩着嘴呼出的气体，嘴周围的气体也会被卷进去，从而形成比较强的风。被卷入的气体如果温度为 30 ℃，低于体温，就会带走身体的热量，同时还能像风扇一样，使身体上附着的空气层大大变薄。

◎黏性流体将周围流体卷入其中的现象

流体力学中有一种现象叫作“卷吸效应”[①]，指黏性流体将周

① 有人用断热膨胀来解释吹气时感觉凉爽的现象，主张没有热量变化的情况下，气体膨胀会使空气温度下降。但是嘴内外空气的压力差太小，所以这种说法比较牵强。

围的流体卷入其中的现象，吹气时就有这种现象在发挥作用。

有一个实验可以非常直观地感受卷吸效应。拿一个大塑料袋，往里吹气使袋子鼓起来。如果把袋口拢起来，贴在嘴上往里吹气，那么考虑到肺活量和袋子容量的关系，就可以知道吹多少次才能装满袋子；但是如果把袋子口张开，缩着嘴朝着袋子快速吹一口气，袋子一下子就会鼓起来，这是因为吹出的细细的空气流把周围的空气裹挟进了塑料袋中。

卷吸效应也被应用于风扇中，风扇转动扇叶制造风的过程其实就是一侧卷进周围的空气，同时由另一侧向外送风的过程。

从圆环中向外送风的无扇叶风扇也利用了这一原理。这种风扇虽然外部没有扇叶，但是机器的圆柱中安装了扇叶和马达。机身上有多处开孔，空气从这些开孔处进入，在马达和扇叶的作用下，被送上上方的风轮。风轮内环的后侧有 1 mm 左右的孔隙，空气从孔隙中高速喷出后，裹挟着大量周围的空气被送向前方。（见图 3–2）

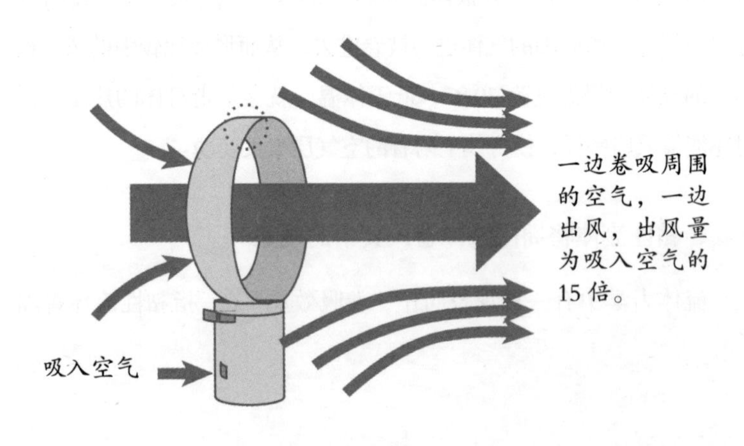

图 3–2 无扇叶风扇的工作原理

23 什么是稳定

> 放在地上的物体我们会说它稳定，或者不稳定。这到底是什么意思呢？让我们来思考一下生活中无意间说出来的话里隐藏着的“力学”。

◎物体不倒的条件

为了保持稳定，需要物体在静止时，处于受力平衡的状态。如图 3–3 中左侧图所示，重心G的铅垂线在该物体三条腿构成的支撑面内，物体就能处于稳定状态。还可以如右侧图所示，将物体倾斜，在将倒未倒时恢复到原来的状态，物体也能恢复稳定。

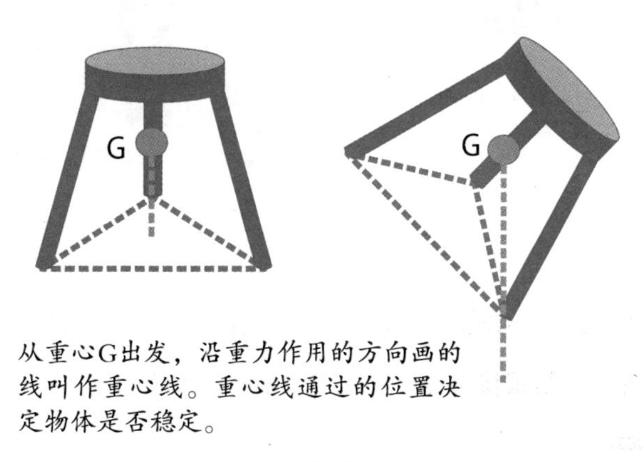

图 3-3

◎悬挂物如何保持稳定

接下来看一下悬挂在某一个支点的物体如何保持稳定。在这种情况下，虽然可以通过观察物体是否静止，来判断它是否处于受力平衡状态，但是否稳定还受到其他因素的影响。如图 3–4 右侧图所示，这把长柄伞能保持稳定是因为伞的重心G处于阻力点P的铅垂线上。这个原理也可以解释左侧照片中的悬挂式单轨列车为什么能保持稳定状态。

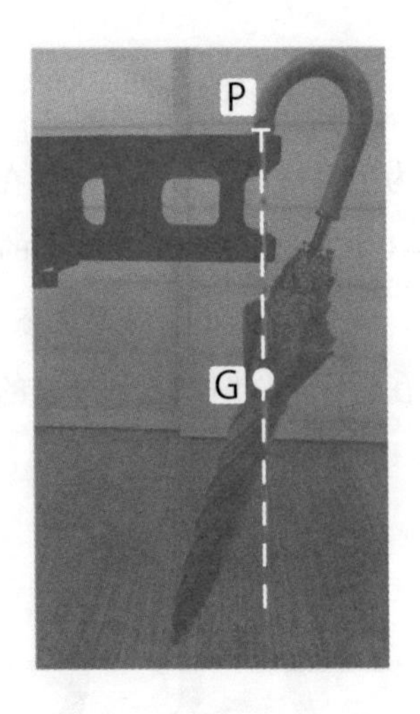

单轨列车和长柄伞各自处于平衡状态。P为阻力点，G为重心。

图 3–4

在上图的两个物体上微微施加左右方向的力，物体就会晃动，重心上升，但是很快重心又会回到原来的位置，所以可以说它处于稳定状态。

像上述那样对物体施力，重心上升或者下降，最终能否保持平衡状态决定了物体是否稳定。如果使用“势能”这个词来解释，就有势能上升或下降的说法。势能上升时，恢复力与施加的力对抗，所以能保持平衡状态。但是势能下降时，物体一开始活动，就会处于不稳定状态[①]。

◎通过操作保持动态平衡

稳定除了静态层面的稳定，还有动态层面的稳定。人和机械都有感知自身状态的传感器，在这里我们用一个实验来检验能否通过活动手部，保持物体的稳定状态，也就是检验通过操作能否保持动态平衡的问题。最终能否保持平衡在于是否完全具备平衡所需的要素。

如图 3–5 所示，分别在掌心中立上一根长为 30 cm 和 2 m 的棍子，活动手掌使棍子处于直立状态。在实验开始之前询问受试者哪个更简单，大部分人回答短棍子保持稳定更容易，原因是短棍子的重心低。但是实际的实验过程中会发现，短棍子很快就倒了，反而是长棍子可以更轻松地保持稳定状态。

棍子会倒是因为棍子会以下端为中心转动，这时我们只需要向棍子倒的方向移动手掌，使棍子重心的铅垂线通过手掌即可。

但不管是机械还是人，活动的速度都有上限，如果倒得太快，就会超过人活动速度的上限。短棍子倒的时间太短，就超过了这个上限。反而是长棍子倒的时间比较长，人来得及操作，就能使棍子直立不倒。

---

① 虽然受外部运动影响，但是重心位置保持不变的情况下会出现介于静止稳定和静止不稳定两种情况之间的“中立”情况。以地面上放的球体为例，就算重心位置不发生上下方向的改变，球也会滚起来。

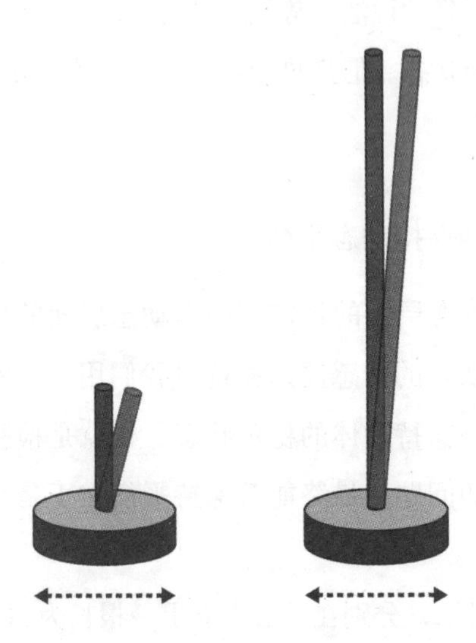

图 3-5 模拟在掌心里立棍子的实验

24 为什么用吸管能喝到果汁

就像在水中有水压一样，在陆地上生活的我们也要受大气压的影响。除了天气变化，就连用吸管喝果汁这样的行为也和大气压有很大的关系。

◎人生活在“大气之海”的海底

生活在地表的我们平时并不会注意到，我们生活在“大气之海”的海底。大气压是由构成大气层的空气的重量产生的。地表的大气压约为 1013 hPa（百帕）[①]。

意大利人托里拆利在 1643 年做了一个实验来演示大气压和真空的存在。在一个长 1 m 左右，一端封闭的玻璃管中装满水银，用手指按住管口倒立放进装有水银的容器中，松开手指，玻璃管中水银的高度就下降到 76 cm 的高度，并在玻璃管顶端形成一个空腔。这个原本装满了水银的空腔就是“托里拆利真空”。（见图 3–6）

---

① 1 标准大气压 $=1.013\times10^5$ N/ $m^2=1.013\times10^5$ Pa $=1013$ hPa。1 N 大约为 100 g 物体所受重力大小。所以 1 个标准大气压可以与 1 m^2 上放置 1 t 重的物体重量相匹敌，这意味着我们的手掌面积可以承受大约 100 kg 的重量。

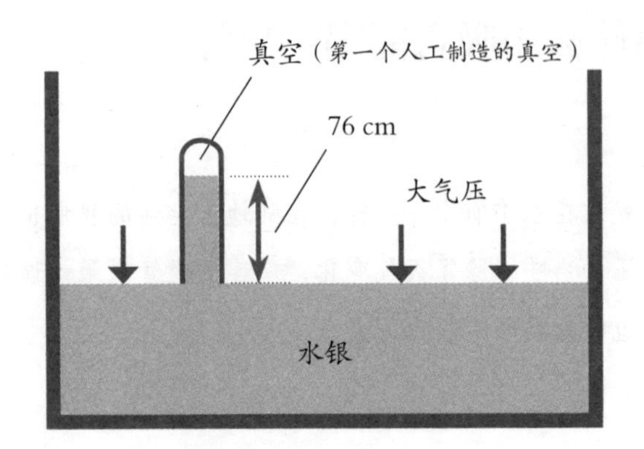

图 3-6 托里拆利真空

在此之前，古希腊哲学家亚里士多德流派的自然学主张“自然界厌恶真空”，连汲水泵的原理都解释为“为了避免真空状态的出现，所以真空出现在哪里，水就跟到哪里”。

托里拆利认为，容器中水银面上大气的重量（准确来说是大气的压力）和水银柱的重量相等，支撑着水银柱。与此同时，他还提出我们一直生活在“大气之海”的海底。

水银是密度非常大的重金属，1 个大气压居然能支撑住 76 cm 高的水银柱。那么如果托里拆利真空实验中用水代替水银，会出现什么样的结果？水银的密度是水的 13.6 倍，所以可以计算出 1 个大气压可以承受 10 m 的水。这才是使用水泵汲水深度只有 10 m 的真正原因。

◎用吸管能喝到果汁要归功于大气压

我们用吸管吸果汁的时候，脸颊用力就能使口腔中的压力下降。因为大气压作用于饮料，所以大气压会把果汁压进嘴里。

下次大家可以做这样的一个实验：

口含两根吸管，然后把一根插进杯子里，一根放在杯子外，试试自己还能不能喝到杯子里的果汁。因为一根吸管插在杯子外边，所以不管怎么吸，口腔内的大气压都和外界相同。虽然大气压作用于果汁，但是由于内外压力相同，所以就无法喝到果汁。简单来说，要想用吸管喝到果汁，就要使口腔内的气压小于外界大气压[①]。

① 作者曾经多次进行大气压压易拉罐的实验。在罐中加入数厘米高的水，打开盖子，从下方加热至沸腾，当罐子中的空气全部被水蒸气置换后，停止加热并盖上盖子。很快罐子就会发出很大的声音，并向内凹陷。

25 为什么用压力锅可以节省烹饪时间

最近无须像电饭锅那样调节火力大小的电压力锅备受关注，使用这种锅做饭省时又省力。因为增加了压力，所以使高温烹饪成为可能。

◎压力锅是一种高温炊具

压力锅能将加热产生的蒸汽封闭在锅里，从而提高锅里的压力。为了增压，压力锅上有能使锅盖密闭的锁扣，同时为了避免压力过大超过安全范围，锅盖上还带有放出水蒸气的安全阀。

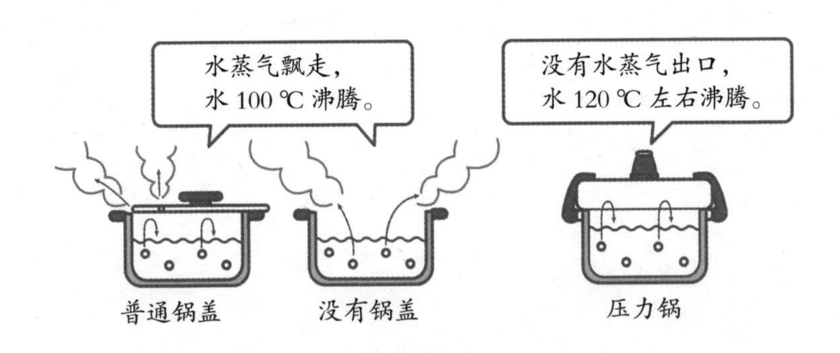

图 3-7 普通锅和压力锅的区别

当锅内压力达到 1.7 ~ 2 个大气压时，就能实现 115 ℃ ~ 120 ℃ 的高温烹饪，加热食品的时间可以缩短至原来的 1/2，甚至 1/3（见

图 3–7）。与普通的锅相比，高压锅煮大肉块、带骨肉、牛筋、糙米和豆类等花费的时间更短。如果煮小鱼就能把骨头煮到可以直接吃的程度，清蒸花费的时间也更短。

◎为什么可以通过增压获得高温

用普通锅做饭时，锅里的水最高温度为 100 ℃。因为温度达到 100 ℃ 后，水就会沸腾变成水蒸气。此时锅外的大气压为 1013 hPa，当锅里充满水蒸气，瞬间压力超过大气压时，水蒸气就会推起锅盖，向外逃离。但是压力锅的盖子用锁扣锁得严严实实，水蒸气无法逃到锅外。

一定的温度和体积下，密闭空间中所含水蒸气量是有上限的，这个界限叫作“饱和水汽压”，和温度有关。

假设锅里的水所受气压为 1013 hPa，水中出现水蒸气的小气泡。这时如果气泡中的饱和水汽压等于 1013 hPa，那么水蒸气的气泡就不会被压碎，水就能沸腾。也就是说，1013 hPa 的饱和水汽压需要水温达到 100 ℃。因此，水的沸点为 100 ℃。

在密闭的锅里，水蒸气所受压力上升，水的沸点也会上升。从图 3–8 中可以看出这一点。图中纵轴为液体所受压力，一般为大气压，横轴则为该气压环境下水的沸点。

◎在高海拔地区，压力锅是必需品

海拔越高，空气越稀薄，气压也就越小。密封的袋子从山脚拿到高山上，就会被撑得鼓鼓的。虽然密封的袋子中气压仍然在 1000 hPa 左右，但是海拔高的地方，周围的气压要小得多，例如富士山山顶海拔为 3776 m，气压约为 638 hPa，压力差可以使得袋子膨胀起来。

气压变小，水的沸点降低。在富士山山顶水的沸点为 87 ℃ 上下，在珠穆朗玛峰山顶则为 71 ℃ 上下（见图 3–8）。

所以生活在海拔 3000 m 以上的人，都要使用压力锅，否则就会做出夹生饭。

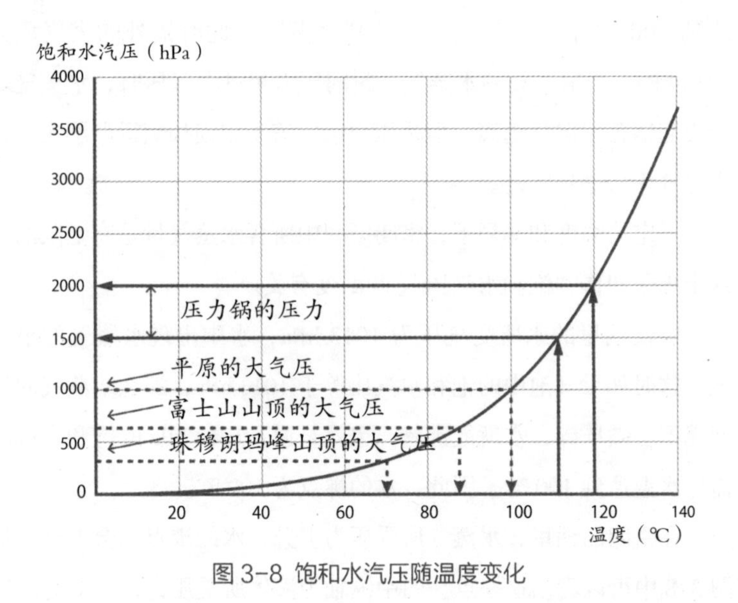

图 3–8 饱和水汽压随温度变化

◎使用压力锅时的注意事项

老式的压力锅在使用时，需要观察安全阀的状态来调节火候，所以需要有人照看。电压力锅中设置了程序控制，所以可以无人照看，非常省力。

但是高压烹煮时，压力非常高这一点没有改变，所以在做饭的过程中，如果盖子松动就会导致锅盖被炸飞，或者热蒸汽和汤汁飞溅出来引起事故。还会出现因为水分过少，导致水蒸气不足，压力无法升高的情况。所以压力锅很适合蒸和煮，但是不能用于炒和炸。最后为了使锅中充满水蒸气，产生足够的压力需要一定的空间，所以不要加入超出规定量的水和食物（见图 3–9）。

适合使用压力锅的食物

种类	举例
加入大块肉类的食物	烧猪肉块、叉烧
加入根茎类的食物	猪肉酱汤、鲕鱼萝卜
加入豆类的食物	五目豆、红小豆糯米饭
汤多的食物	炖菜、咖喱
其他	蒸芋头、骨头也能吃的鱼

不适合使用压力锅的食物

种类	举例
有嚼劲的食物	金平牛蒡、带叶的蔬菜
炒饭	蛋炒饭、黄油炒饭
面类	意大利面
油炸类	天妇罗

图 3–9 适合使用压力锅和不适合使用压力锅的食物

◎消毒用的高压灭菌器是压力锅的升级版

高压灭菌器是医疗机构和生物实验室等机构常用的灭菌装备，和压力锅一样，它通过增加压力来提高沸点。高压灭菌器的压力为 3000 hPa，远超过压力锅，短短 10 分钟内就能完成灭菌。

26 能把300吨的飞机托上天的升力是什么

大型客机装载 200 名旅客和行李后，质量可达 300 吨。尽管如此，大型客机还是能自由地飞翔在上空，其中的秘密就在于机翼产生的升力。

◎超过超级台风的强大风力

风力强劲的超级台风行进速度将近 70 m/s，这样的台风可以刮弯铁塔，刮倒大树和木质结构的房屋，甚至会把许多东西刮上天。通过这些例子，我们能想象强风，也就是高速气流产生的力会有多大。总质量 300 t 左右的大型客机在 10,000 m 的上空平飞[①]时，速度高达 250 m/s（900 km/h），即使外界无风，对于飞机而言，空气还是从前向后高速流过的。在大型客机高速飞行时，流经主翼的“暴风”风速甚至会超过超级台风，能将飞机托上天空的巨大升力就是这样产生的。升力是飞机在空中飞行所必需的力，与作用于飞机的重力相平衡。（见图 3–10）

① 飞机做水平等速、直线飞行就叫平飞。——译者注

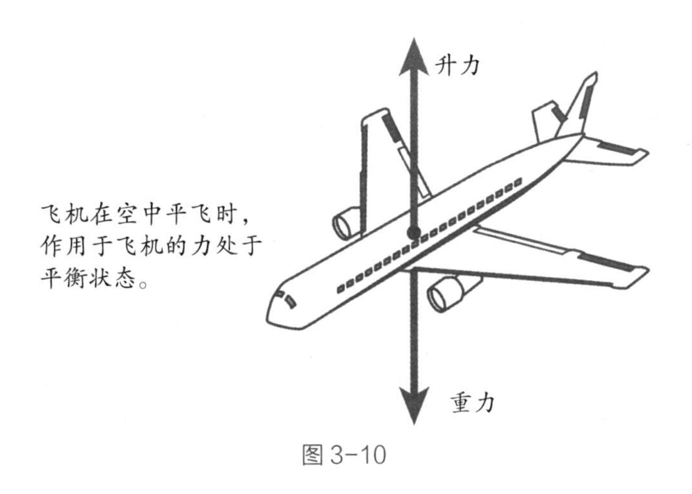

图 3-10

◎升力如何产生

1903 年，莱特兄弟首次实现载人动力飞行，在成功之前，他们的研发经历了无数次失败。虽然飞机的大小、形态各不相同，但是想要飞起来，机翼必不可少。最极端的情况下，机翼甚至可以是一块平板，在空气中行进时，只要机翼和行进方向之间有一个斜向上的夹角即迎角，就可以产生升力。有迎角，气流才能向下改变前进方向，机翼受到的气流向上的反作用力就是升力。(见图 3-11)

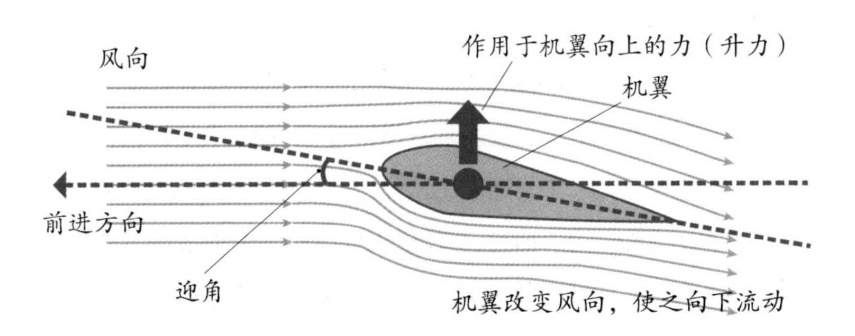

图 3-11 机翼的迎角、气流的运动方向及升力

◎如何使升力变大

迎角越大，升力越大，但是如果迎角过大，就会导致机翼后出现乱流，造成失速。所以为了在任何情况下都可以获得升力，人们在机翼的安装角度上做了许多研究。以大型喷气式客机“波音747”为例，在安装时，机翼就上扬了2°左右。

空气的流速越快、机翼面积越大，作用于机翼的升力就越大。但是为了增加升力而增加机翼的面积，就会加重机体，所以机翼还必须有一定的强度。另外，为了增加空气流速，要安装喷气式引擎和螺旋桨来获得足够的速度。同时人们也在努力改变机翼形状以增加升力，防止失速。

◎令人紧张的起飞和降落

80%的飞行事故都发生在起飞和降落阶段，这两个阶段速度慢，升力就会变小。自然风的突然变化会导致质量庞大的喷气式客机所受的升力发生剧烈变化，最终导致事故发生。

起降时要快速获得升力，最适合的风向就是逆风。大型客机在起飞时，需要加速滑行3 km左右，速度超过100 m/s时，就能获得相当于质量3 t多的升力，飞机也就能飞起来。如果恰好是逆风，那么流经机翼的风速会更大，滑行的距离相应地就会变短。

观察大型客机的起降就会发现，不仅起飞时机头会上扬，在降落时机头也会微微上扬。虽然速度比较慢，但是通过增加机翼的迎角，也可以获得更大的升力。而且起飞降落时，向下伸出襟翼既可以增加机翼面积，也可以增加机翼的弧度，因此就能获得更大的升力。

27 为什么使用光的数据通信更快

近些年网络通信中开始使用光纤，通信速度比电通信提高了1000多倍，实现了高速通信。

◎二进制是数字通信的基础

如果要告诉别人“5”这个数字，我们有许多办法，可以出声说，可以写，也可以伸出手指来比画。但是数字通信没有视觉也没有听觉，更没有手，所以刚刚提到的办法都行不通，能使用的信息只有“开”和“关”两种。因此不仅是网络上，数字通信中也用二进制法则，用“1”代表“开”，用“0”代表“关”。

例如要发送“5”这个数字，就要把“5”分解为“4×1+2×0+1×1”的形式，转化为“101”这一信息才能发出去[①]。

使用电信号的数字通信中，电流通过记为“1”，电流不通过记为“0”，通过控制电流是否经过就可以控制“开”和“关”。如果使用光纤，则发亮记为“1”，不发亮记为“0”。要想传输更多的数据，关键在于尽可能快且多地发出“0”和“1”。

---

① 在二进制中一个“0”或一个“1”为1 bit（比特），8 bit为1 byte（字节）。每月3 Gbyte的数据就相当于使用约240亿个“1”和“0”。

◎通信速度的关键在于“转换速度”

光每秒可绕地球 7 周半，但这并不是光通信比电通信快 1000 倍以上的原因。实际上电信号的传播速度也非常快，光信号只不过比电信号快几倍而已。如果只有信号传输速度这一个要素影响通信速度，那么光通信的速度就只能比电通信快几倍。

光通信之所以快，是因为光通信中“1”和“0”的转换速度远远高于电通信，这个转换速度可以用“频率”来表达。光信号的频率超出电信号 100 多倍[①]，这就是光通信速度快的原因之一。

◎如何避免光分散

1880 年，亚历山大·格拉汉姆·贝尔成功实现了光通信。但是由于当时没有技术能准确地将光传送到远处，所以光通信并没有投入使用。

使用手电筒照明时，手电筒周围能照得很亮，但是距离远一点的地方就只能照得模模糊糊的，这是因为普通的光具有扩散的特性（见图 3–12）。要解决这个问题就要使用激光，因为激光具有高方向性，它会笔直地向前传播，而不会像普通光一样向四周扩散。因为激光能笔直地前进，所以“阿波罗号”在月球上留下了报纸大小的反射镜，加利福尼亚的天文台发出的激光照射在反射镜上后会笔直地返回，利用激光的这一特性就可以测量出地球和月球之间的距离。

但激光不能穿透障碍物传播也是一个技术难题，光纤的使用恰

---

① 电信号转换要花费 10^{-11} ~ 10^{-9} s，而光信号仅需要 10^{-14} ~ 10^{-12} s。

好解决了这个问题。

在不同物质中通过时，光的前进速度也各不相同。“折射率”体现了光行进的困难程度。光从折射率大的物质进入折射率小的物质中，在一定的角度之下，光会像照在镜子上一样，全部被反射出去，这就是“全反射”。

光纤中，有光通过的光纤芯使用的是折射率高的玻璃等材料，外环使用的是折射率小的材料，这样光就能在光纤芯中以全反射的方式前进（见图 3–13）。这也是光通信速度更快的第二个原因。

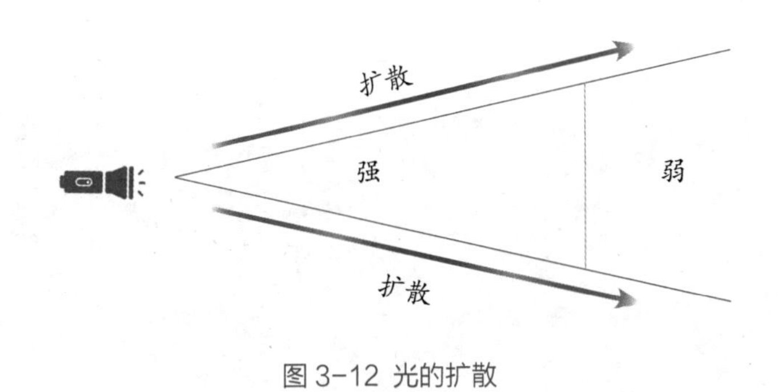

图 3–12 光的扩散

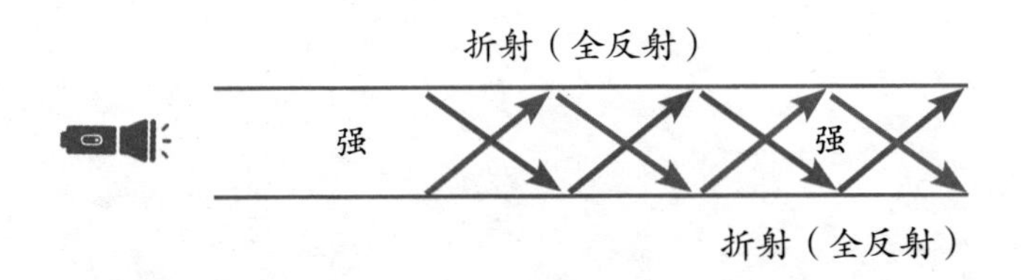

图 3–13 光纤的全反射

第四章

电灯和家电中的物理

28 冰箱制冷的原理是什么

> 现在，冰箱已经成了我们生活中必不可少的家电。其工作原理仍然是3000年前就已实践应用的“蒸发吸热”原理。家电产品中，冰箱的电力消耗仅次于空调。

◎复古的制冷技术

有一种技术不使用外部能量，就能使温度降低，那就是古埃及和古印度时代流传下来的素烧壶，它利用水蒸发吸收外界热量的原理来降低壶里的温度。具体来说，素烧壶的壶身上有许多孔，壶中的水不断地渗漏出来，蒸发的过程中就会带走热量。

3000年前古埃及寺庙的壁画上就描绘了这种冷却方法，壁画中奴隶手拿扇子扇着巨大的壶罐。

◎早期的冰箱是真正的“冰”箱

现在的家庭中有电冰箱已经不再是稀奇事，但是直到20世纪50年代中期电冰箱和木冰箱才开始进入一般家庭，最初主流是木冰箱（见图4-1）。

木冰箱是木制双开门，上方放入冰块，下方放入食物，通过冰块的冷气来冷藏食物。这种冰箱在冰箱门等部位加入软木等隔热材料，内部的温度只能保持在15 ℃左右，要降到10 ℃以下非常困难。

20 世纪 60 年代初期我在东京生活时，使用过这种木冰箱，当时家附近就有冰店。木冰箱的使用一直持续到 60 年代末。到 70 年代中期，电冰箱开始迅速普及，1978 年普及率已经达到 99%。

图 4-1 木冰箱

◎20 世纪 50 年代中期，电冰箱开始进入普通家庭

木冰箱中的冰融化后就必须到冰店买冰，而且冰箱内的温度也不够低。电冰箱使用时则不需要换冰，节省了很多时间，并且冷藏温度更低，既可以保存冷冻食品，又能制冰，给人们带来很大的方便。

电冰箱其实是家电中的“老大哥”，早在江户时代，美国人就发明了电冰箱。但日本在 1930 年前后才开始生产电冰箱，而且当时一台电冰箱的价格和一栋房子的价格相当，是普通家庭可望而不可即的东西。

从 20 世纪 50 年代中期开始，电冰箱成了家庭中的必需品。[①]

◎电冰箱制冷的原理

水加热就会汽化，变成气体。相反，水蒸气液化，变成水时，就会向周围放热。气体被压缩，温度上升；气体膨胀，温度下降，这就是电冰箱的工作原理。

代替水和水蒸气，电冰箱中使用了常温条件下处于气态，受到压力就会变成液态，可以很轻松地在气态和液态之间转换形态的物质，这就是冷媒。最初使用的冷媒是氟利昂，但是它会造成臭氧层破坏，导致全球变暖，所以现在换成了异丁烷和烷烃等碳化氢类物质。

冰箱中的液态冷媒吸收热量变成气体，冰箱内温度下降，气体进入压缩机后又变成液体，将热量排出冰箱（见图 4–2）。

家电产品中，电冰箱的用电量仅次于空调。现在电冰箱使用的都是 20 世纪 90 年代出现的变压器来控制电冰箱的功率。在那以前，人们不能控制压缩机马达工作的电压。但是有了变压器之后，人们就可以把交流电变成直流电，改变驱动马达的电压，所以根据需要改变马达的旋转次数成了可能，电冰箱也比过去更加省电。

---

① 比照天皇家传的“三件神器”（草薙剑、八咫镜和八坂琼曲玉），当时人们把黑白电视、洗衣机和电冰箱也称为“三件神器”，因为这三件家电需要努力工作才能买得起，所以可以说是新生活的象征。

液态冷媒在冰箱内吸热汽化（冰箱内温度下降）

汽化的冷媒在压缩机中温度升高，放出热量（冷媒液化）

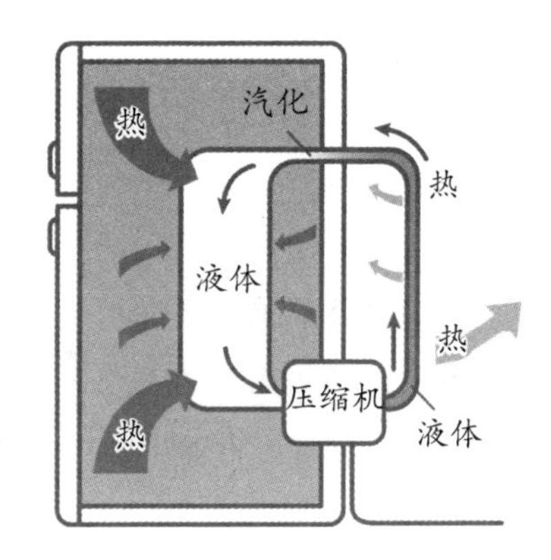

图 4-2 电冰箱的工作原理

29 为什么微波炉加热时炉盘要旋转起来

> 微波可以通过刺激水分子剧烈运动来加热，灵活利用好这一点，就产生了全新的烹饪方法。但是要注意这种加热方法容易出现加热不均匀的现象。

◎雷达发射器跨行进入家电领域

微波炉利用了“微波”这种电磁波可以刺激食物中的水分子运动，从而加热食品的特性。

电磁波在真空中的传播速度为每秒 30 万千米，这就是光速。波每秒振动的次数叫频率，单位为赫兹（Hz）。无论频率多大，电磁波总是以光速传播，而波每振动一次前进的距离叫作波长，可以表示为“光速÷频率”。

微波炉使用的电磁波频率为 2.45 GHz，波长为 12 cm。这里的G为 10 亿，即 10^9。也就是说，这种电磁波每秒振动 24.5 亿次，可得每次振动的时间为 408 皮秒（1皮秒为一万亿分之一秒，即10^{-12}）。

微波炉中安装的微波发射器叫作磁控管，上文提到的高频电磁波就是由磁控管发射出来的。最初磁控管是为雷达开发设计的，应用到炊具中可以算是技术的跨领域了。

◎电磁波能量可以转化为热能

我们来探索一下微波炉加热食物的原理。简单来说，如图 4–3 所示，电磁波使水分子发生晃动，就可以进行加热。

水分子的化学式为H_2O，也就是一个氧原子和两个氢原子键合构成的。氧原子带负电荷，而氢原子带正电荷。由于电磁波是电振动，所以会加强或者减弱同类电荷，通过这种方式来改变氢原子相对于氧原子的位置，我们可以将它看作“分子旋转”，这就是热能的来源。

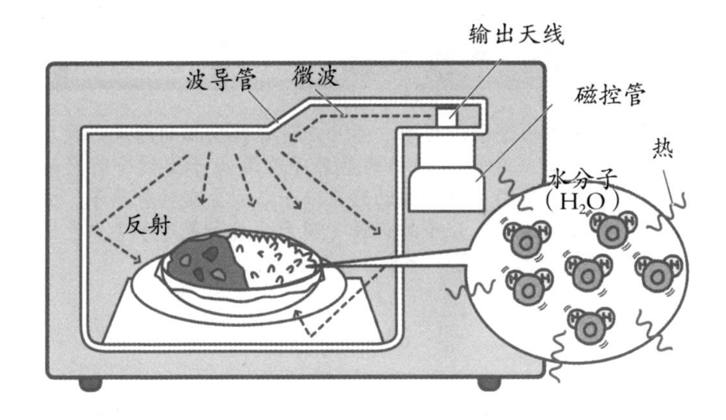

图 4–3 微波炉的构造（原理图）

◎水的特性

仅用单个水分子无法演示电磁波转化为热能的实验过程。如图 4–4 中所示，液体状态下水分子运动时，分子之间有很强的吸引力，这个引力产生于氢原子向旁边的氧原子移动的过程中。所以，电磁波导致的振动情况，比起一个分子内部的运动这种说法，多个分子集团内部通过改变氢原子的位置，进行水分子重组的说法更加符合实际情况。

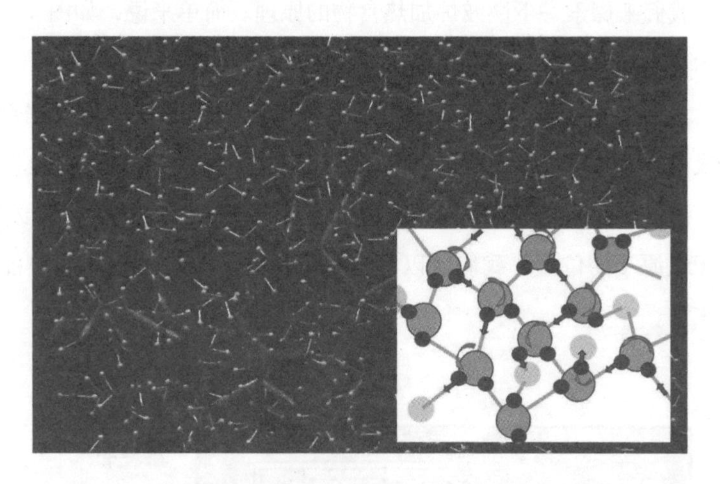

处于液体状态下水分子的样子。图片是计算机模拟的结果。氧原子处于水分子的正中间，两端的氢原子在氧原子上键合时呈锐角分布。水分子集团在剧烈运动时，分子之间会交换氢原子。右下角插图模拟描绘了水分子的旋转（圆箭头）和氢原子（黑色圆点）从一个水分子跳到另一个水分子的运动（直箭头）。

图 4–4

图 4–4 右下方插图描绘了这种情况。就算水分子想旋转，也会被分子间活动的氢原子的作用力阻止。

水分子重组过程花费的时间比较长[①]。过程中，电磁波的能量会转化为分子集团的不规则运动，这就是电磁波的能量能转化为热

① 重组平均所需时间为 40 皮秒，比电磁波的周期短，其中未完全重组的部分可以促进热能转换。

量的原理。

◎波的不均匀性

应用于微波炉的电磁波波长为 12 cm，是一个比较尴尬的长度。因为波长的 1/4，即夹在振幅最大的波峰和振幅为 0 的节点之间的长度为 3 cm。又因为振幅的大小决定了加热的方式，所以如果要加热的食物比较大，就会出现加热不均匀的现象。为了避免这个现象，就要旋转微波炉的炉盘。当然有的微波炉的微波发射口上安装了金属的螺旋桨，可以直接使波转起来，所以加热时可以不用转动炉盘。

尽管如此，想要完全解决加热不均匀的问题还是很难，特别是加热冷冻食品时，更容易出现加热不均匀的情况。没有加热完全的食物很容易滋生细菌，腐败得更快，所以用微波炉加热的冷冻食品要尽快吃完。

◎蒸、焯、煮

和传统的烹饪方式相比，微波炉加热更接近于“蒸”，但是微波炉使用了食物本身含的水。此外，“焯”和“煮”的元素也被应用其中。

活用以上特性，就可以把较硬的食材做得软烂，同时还不丢失食物本身的营养成分，这样做菜时就可以直接使用圆白菜心、南瓜皮和罗马花椰菜心等食材了。

微波炉常用来解冻冷冻食品，无论是解冻后直接吃，还是当作食材，都可以根据用途设定加热的时间。

30 环保热水器是怎么使水沸腾起来的

利用大气的热量使水沸腾的环保技术已经被开发出来了，在此之前使用的氟利昂会导致臭氧层空洞，所以已经渐渐地退出舞台。

◎环保热水器的系统和冰箱相同

为了让水热起来，热水器必须给水热量。要给温度低的东西传输热量，就要制造出热量，或者从别处“借来”热量。人工移动

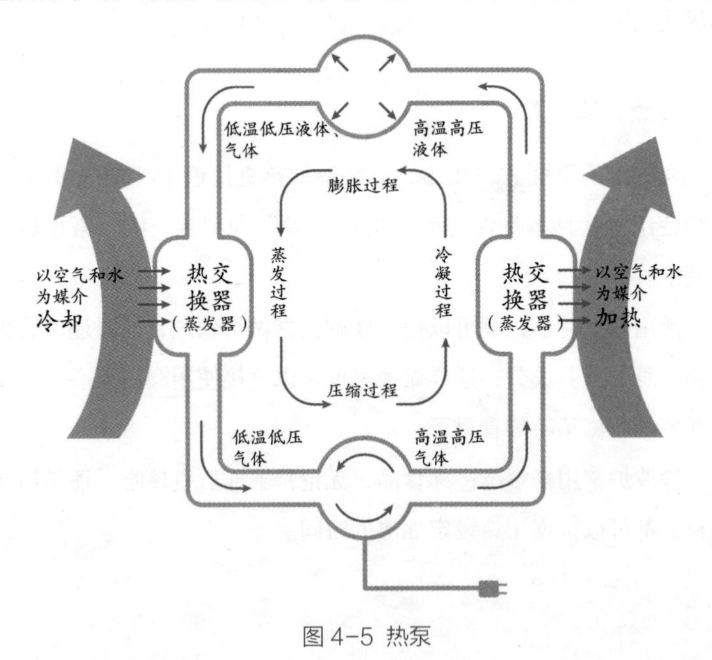

图 4–5 热泵

热量的方法之一就是利用热泵（见图 4–5）。

在这个系统中，只要冷媒发挥作用，就能传输热量。

气体遇冷就会变成液体，液体受热就会变成气体。温度低的东西靠近温度高的东西，热量就会从温度高的一方传到温度低的一方。利用这些原理，可以将空气和地面的热量传输给变成液体的冷媒，冷媒受热后会变成气体，过程中冷媒吸收的热量就可以用于水的加热。

但是，这样做只能把水加热到和外界温度相同的程度，并不能让水沸腾，所以还需要想别的办法。

波义耳定律主张气体的压力和体积的乘积，与绝对温度[①]成正比。也就是说，同等体积下，压力上升温度上升，压力下降温度下降。因此，将吸收空气热量后温度上升的冷媒进行压缩，温度就会进一步上升，并产生使水沸腾的热量。

普通的热水器使用电和燃气直接制造热量来烧水，相比之下，使用热泵能节省 2/3 的电和煤气。当然，外界温度越高，传输给热泵的热量越多，热泵的工作效率也就越高。

这种热泵不仅可以像热水器和暖气一样用于加热，还能像冰箱一样用于制冷。使用冰箱的目的在于吸收并向外排出冰箱内的热量，所以需要使冷媒膨胀降低温度，变成液态冷媒。

◎以二氧化碳为冷媒

过去的冰箱和空调都以氟利昂为冷媒。热泵在使用中需要提高

---

① 绝对温度又称开氏温标，等于摄氏温度加 273 ℃，通常用“T”表示，指所有物质无论性质如何，热学理论上固定的温度。

或者降低压力，而氟利昂只需要加到10个大气压就可以，而且不易燃烧、化学性质稳定，是非常理想的冷媒。但是后来证明氟利昂会造成臭氧层破坏，它也就慢慢地退出了历史舞台。

因此，一些研究人员开始致力于寻找能代替氟利昂，做汽车空调冷媒的物质。于是二氧化碳就进入了他们的视线中。二氧化碳的温室效应比氟利昂低8100倍，不会破坏臭氧层，而且二氧化碳不可燃，也就是说，万一发生泄漏，二氧化碳的安全性要远远高于氟利昂。不仅如此，我们还能回收利用工厂排放的二氧化碳，所以更加环保。

◎使用超临界液体

用二氧化碳代替氟利昂要面临的最大的问题就是压力。二氧化碳液化的条件更加苛刻，需要使用100个大气压的压力，才能将它变成超临界状态。超临界状态是处于气体和液体之间的状态，热交换的效率非常高[①]。

1个大气压相当于在1 cm^2 的范围内放上1 kg的物体。小拇指的指甲大约为1 cm^2，通过这种方式我们就可以想象要制造100个大气压有多难。

最终开发车载空调的研究者们开发成功并投入使用的，并不是无法集中放置的车载空调，而是可以集中安装的热水器。

---

① 处于超临界状态的二氧化碳不易发生化学反应，无毒、不可燃，在融化其他物质之后，放置于常温常压环境中就会变成气体消失不见。作为原材料，价格低廉也是它的一大特点。因此，二氧化碳也常用于金属表面镀金加工和医药品、化妆品等的制造。

31 电磁炉上为什么能用砂锅

以往只有铁锅适用于电磁炉（IH），现在适用于电磁炉的锅的种类越来越多。要找到背后的原因，我们先回到“锅为什么会热”的原理，也许就能知道电磁炉进化的原因。

◎厨房里“火”的革命

传统的加热方式都是制造明火或者高温区域，再将温度传导

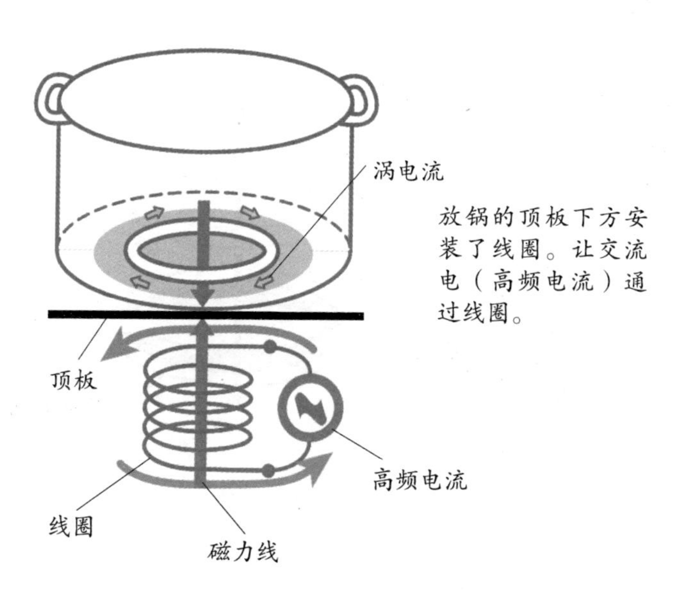

图 4-6 电磁炉的加热原理

给锅进行加热。电磁炉打破了这种传统的加热方式，如图 4-6 所示，电磁炉和锅底接触的部分安装了线圈，给线圈通电就可以产生磁场，电磁炉就是利用磁场来工作的。这就是电磁感应。

◎电磁感应是魔法吗

“电磁感应”本身并不难理解，初中三年级的课本中就已经出现过。如图 4-7 所示，用磁铁反复靠近和远离上方的金属圆环，或者反复给电磁铁通电、切断电源，就能产生电流。电磁感应虽然不是直接接触产生的，但是表示磁场的磁力线可以说明金属圆环中有电流经过。使用电磁炉时，金属锅代替线圈来承受磁场的变化。虽说金属板上产生的电流并不一定就是圆形的，但还是被形象地称为“涡电流”。涡电流通过金属，受到电阻作用后发热，就可以用于加热。

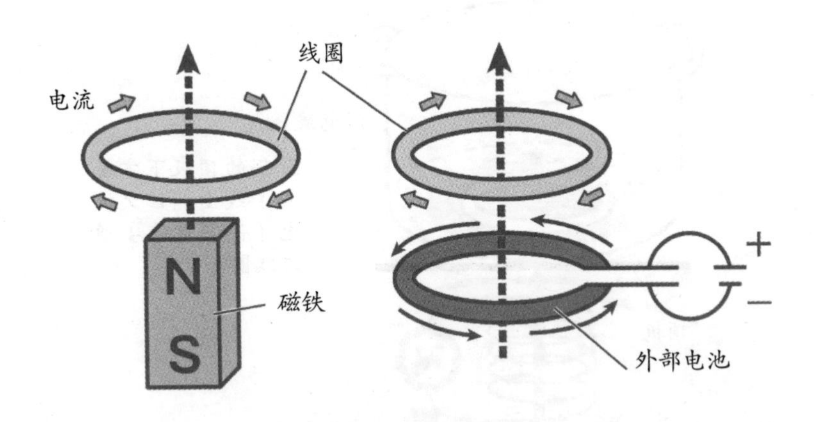

图 4-7 电磁感应原理

◎导磁性很关键，不锈钢锅可以用于电磁炉吗

如果制锅的金属通过磁场时能加强磁场，那么电磁感应产生的涡电流就能更好地发挥作用，这种性质就叫作导磁性。其实导磁性代表的就是吸附磁铁的性质，因此制锅的金属越容易吸附磁铁，效果就越好。铁就是其中的代表材料，而不锈钢虽然含有铁，但是导磁性比较弱，所以并不是好的选择。还有电阻越大，越容易发热，所以涉及的影响因素比较多。实际上不锈钢锅也有许多种类，有适用于电磁炉的，也有不适用的，所以购买时要仔细确认标志。

◎铜锅和铝锅可以用吗

铜锅和铝锅没有加强磁场的作用，而且电阻比较小，所以以前人们认为这两种锅不能用于电磁炉。但是现在可以提高电流的频率，所以电磁炉上也能使用铜锅和铝锅。[①]

提高频率后，磁场出现“表皮效应”，这时磁场不会进入金属的内部，而是集中在表皮附近，并发生剧烈变化，因此可以更好地发挥发热的作用。因此，提高电流频率后的电磁炉适用的锅具种类也将越来越多。

◎砂锅可以用吗

最近适用于电磁炉的砂锅进入了市场。当然，如果是纯砂锅，没有金属部分，那也不能用于电磁炉。但是在砂锅上贴一层薄薄的银箔，就可以直接加热了。虽说铁比银的电流效率更高，但是铁既不能很好地黏附在砂锅上，也不满足加热后不破坏铁锅的条件。

---

① 现在为每秒振动 60,000 次。

32 为什么LED灯更省电

日本政府在新发展战略中，将完全不使用水银的LED灯定位为新一代的照明技术来推进。那么，LED灯发光的原理是什么？有什么特点？又面临哪些挑战？

◎电子和原子在荧光灯中相互碰撞

荧光灯中充入了水银蒸气[①]，电极放出的电子和水银蒸气相碰撞，产生的能量会引起离子化，之后电子回到离子化的水银中，这就

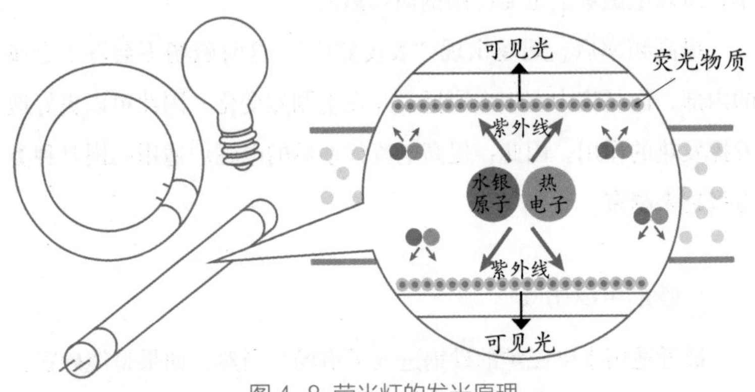

图4-8 荧光灯的发光原理

① 在国际上限制使用有毒物质水银的《水俣条约》，将在2020年12月31日以后禁止高压水银灯的制造和进出口。但是日本销售的荧光灯中水银含量符合标准，所以并不受这一条约的约束。

是去离子化。去离子化发生的一瞬间，会放出紫外线，但是肉眼不可见的紫外线不能直接用于照明，所以在荧光灯的玻璃管内壁涂上荧光物质，就可以把紫外线转化成可见光。荧光灯的光线之所以是白色的，就是因为灯管内壁涂了荧光物质（见图 4–8）。

◎LED灯的构造

LED的半导体晶片由两部分组成：一部分是N型半导体，内部有许多带负电的电子；另一部分是P型半导体，带负电的电子少，但是有很多带正电的空穴，这两者结合就会使电流变成直接光。原本这两种半导体晶片之间是有阻隔的，但是只要用相连的电池放出一定电压的电流，阻隔就会消失，电子落入P型半导体的空穴中，放出能量并发光（见图 4–9），而减少的正负电荷则由电池来补充。

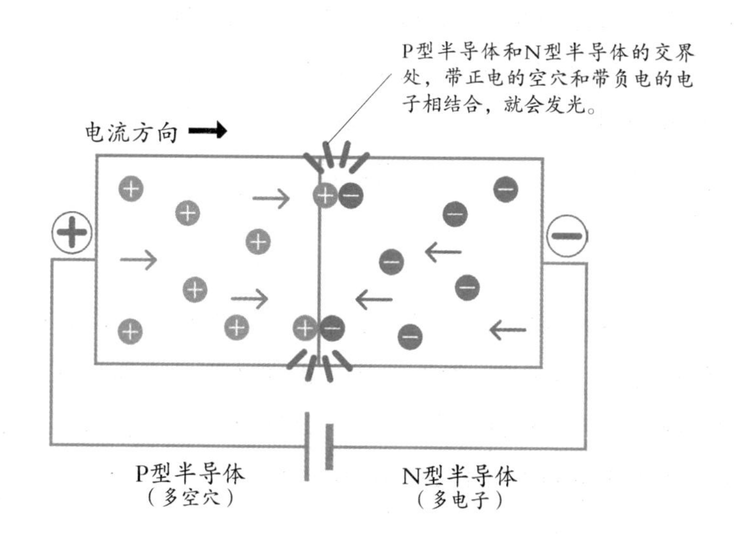

图 4–9 LED发光的原理

制造半导体的材料和元素不同，LED灯光线的颜色就不同。比如红光使用铝加钾和砷，黄光使用铝加铟，而蓝光使用铟和氮化钾等晶体作为半导体。为蓝色LED投入使用做出巨大贡献的赤崎勇、天野浩和中村修二获得了 2014 年诺贝尔物理学奖。蓝色LED技术不仅可以用于制造白光，而且可以应用于蓝光光盘，使光盘容量大大提升，CD可提升至原来的 35 倍，DVD可提升至原来的 5 倍。

把光变成白色的方法有两种，一种使用光的三原色（RGB）组合配出白光，叫作多芯片法。这种方法要给各色芯片通电，还必须考虑显色和配色的均衡。然后就产生了另一种单芯片法，用两个蓝色LED灯照射在黄色的荧光体上就能获得白光。

最近又开发出一种新的方式，用Cl_MS荧光体和紫色LED的光结合也可以获得白光。Cl_MS荧光体能以 94%的效率将紫色光转换成黄色光，其主要成分是贝壳、骨头、岩石和盐等氧化物。这种方式克服了以往荧光灯光线晃眼的缺点，将亮度降到了原来的 1/10，而且照射的范围更大，光线更柔和，现在不仅用于家庭照明，还用于汽车顶灯和电影拍摄照明灯。

◎寿命更长

LED灯的额定寿命[①]约为 4 万小时，是荧光灯的 4～6 倍、白炽灯的 20～40 倍。如果每天使用 10 小时，白炽灯可以使用 3～6 个月，荧光灯可以使用 3 年，LED灯则可以使用 11 年。使用LED灯照明可以大大降低更换灯泡的频率。

① 规定条件下实验得出的平均寿命，根据使用条件和种类的不同，略有出入。

◎发光效率和用电量

LED灯的发光效率高，提供与白炽灯、荧光灯相同的亮度，仅需非常少的用电量。比如同等亮度下，60 W 的白炽灯消耗 54 W 的电，而LED灯只需要消耗 7 ~ 10 W。因为LED灯转化成热量而散失的电量比较少，所以不容易发热。

白炽灯、荧光灯和LED灯使用一年所需电费，从少到多依次是LED灯 551 日元、荧光灯 867 日元、白炽灯 4257 日元[①]。可以看出LED灯非常经济实惠。

◎LED面临的问题

虽然LED的使用范围非常广，但是仍然面临着一些问题。例如：虽然没有使用水银蒸气，但是半导体中的砷和钾等仍然是有害物质，所以在LED灯快要报废之前就要提出合理的废弃方法。

另外，有报告指出，在低温地区，LED红绿灯由于发热较少，所以表面出现了积雪和结冰的现象，导致人们看不见红绿信号。

还有人提出LED灯放出的蓝光有害健康，令人担忧。但是目前没有科学依据和医学数据证明蓝光会损伤眼睛。蓝光属于可见光中一种普通的光，并不是紫外线。白炽灯和荧光灯以及太阳光中都含有蓝光，如果蓝光有害，那么人在晴天甚至无法出门散步。

当然，无论什么样的光，长时间盯着看，或者在黑暗中看，都可能损害健康。

---

① 白炽灯 54 W、荧光灯 11 W、LED 灯 7 W，按每天使用 8 小时、每 kW · h 电费 27 日元计算出的电费。

33 人体真的会释放电磁波吗

人体会释放出电磁波，有的设备就利用这一点来工作。本节的内容将从人体释放红外线的原理出发，讲到应用此原理的传感器。

◎作为热源的人体

人体正常体温为 36 ℃ ~ 37 ℃，这是人体的深部温度。人体不同部位的表层皮肤温度各不相同，平均约为 33 ℃，用绝对温度来说是 306 K。所以可以把人体看作一个绝对温度为 306 K 的发热体，通过名为红外线的电磁波，以放射的形式向外传播热量。

◎红外线的发现

似乎人会本能地把红外线当作一种“温暖”的存在，但是直到 1800 年，赫歇尔（Sir William Herschel）才通过实验证实了这一点，这远远早于无线电波的发现。作为天文学家和物理学家，赫歇尔在用三棱镜分解太阳光的时候，把温度计放在红色光外侧看不见颜色的区域，他发现温度计显示的数字不断上升。

◎红外线的种类

红外线是一种波长处于 0.78 ~ 1000 μm 的电磁波，波长超出了人眼可见的范围。μm 读作微米，1 μm 相当于把 1 mm 分成 1000 份。波长为 100 μm 的波每秒振动次数为 3 兆次，可以写作 3 THz。

这个范围内波长处于 4 ~ 1000 μm 的部分称为远红外线，波长处于 2 ~ 4 μm 的部分称为中红外线，波长处于 0.78 ~ 2 μm 的部分称为近红外线。处于波长较短一侧，波长比 0.78 μm 略短，处于 0.6 ~ 0.76 μm 的光就是红光[①]。

◎人体放出的红外线

人体作为温度为 306 K 的发热体，随时随地都在放出以波长 16 μm 为主的远红外线，而红外线来源于组成皮肤的分子振动。

构成人体的蛋白质等碳水化合物中，碳元素和氢元素结合的“键”，以及水分子等内部的氧原子和氢原子结合的“键”不断伸缩振动的频率为 19 THz，这和与之相互作用的电磁波的波长完美对应。

这些由人体放射出的红外线其实来源于我们摄入的食物。

设表面积为 2 m^2，人体表面通过红外线热放射的形式向外放出的能量为每秒 120 J，所以可以把人看作一个功率为 120 W 的热源。为了维持这个热源，以与外界温差 10 ℃ 来计算，人每天需要摄入 10,400 kJ 能量，换算成食物的热量就是 2500 kcal。这是因为人体也遵守能量守恒定律。

◎红外传感器

① 界限不明确，能否看见交界处的颜色有个体差异。

感知人体放出红外线的传感器主要有两种：一种监测红外线作用下温度的上升，因此对各种波长的红外线都有用，但是灵敏度比较低；另一种监测受到红外线作用后，电子状态发生的改变。这种仪器对于特定波长范围内的红外线非常灵敏，且能感知方向。

图 4–10 是传感器中半导体的模型图。半导体内有充满负电荷的“价电子带”和内部可以有电子存在但是空着的“传导带”，受到红外线作用，电子就会从价电子带跃迁至传导带。相应地，因为价电子带丢失了电子，就会出现带正电的导电空穴。这些电子和导电空穴内的运动方向相反，通过两者的运动就能向外界释放出电流，通过测定电流，就可以感知红外线。

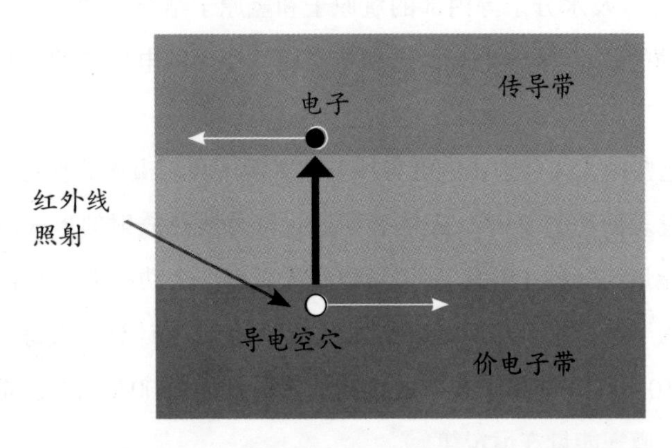

受到红外线作用，半导体内带负电荷的电子开始运动，带正电的导电空穴向相反方向运动。

图 4–10 传感器中的半导体

◎红外成像仪

在平面上排列无数个单体传感器，通过观察不同波长的红外线来自哪个方向，人就能了解光源的温度分布。红外成像仪经过画面处理，将温度分布呈现在平面上，用这种仪器就能了解热源的温度分布。

34 有机EL显示器的优势是什么

> 部分手机和电视机使用的显示器就是有机EL显示器，它具有轻、薄、画面表现力强的特点。现在用于照明的有机EL也在开发中。

◎什么是EL

EL是“Electro Luminescences”的缩写，其中“Luminescences”就是发光的意思。

发光的原理有许多种。例如，在派对和演唱会现场经常见到的荧光棒，咔嚓地折一下就能发光。它属于化学灯的一种，采用的是化学发光的原理。咔嚓地折一下，荧光棒中的物质就会和过氧化氢混合并发生化学反应，被化学反应的能量激发，处于高能量状态的荧光物质要回到原本能量稳定的基态，就会以光的形式放出多余的能量[①]（见图 4–11）。

---

① 光的能量＝普朗克常数 × 波长。输入的能量以光的形式放出时，光的波长和输入能量相对应。

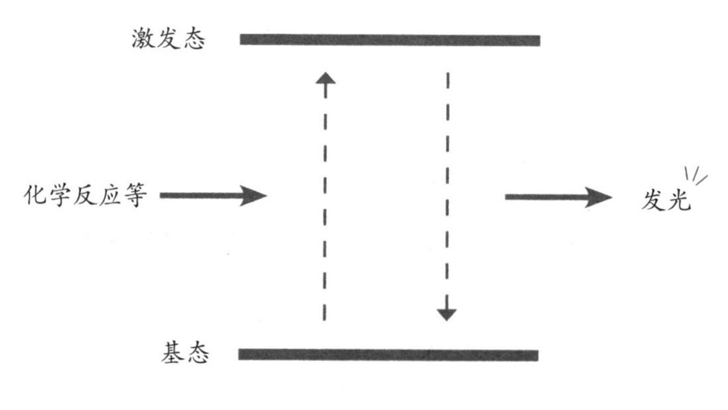

图 4-11 化学发光原理

自然界中的萤火虫通过消耗三磷酸腺苷的能量，使荧光酶分解荧光素，并产生处于激发态的氧化荧光素，在氧化荧光素回归原本状态时，就会发出黄绿色的光。这是一种生物发光的现象，往大了说也属于化学发光的一种。

◎什么是有机EL

EL是给荧光体通电后出现的发光现象，因为基本不会发热，所以接入的电几乎能全部转化成光。它的原理与荧光灯及LED灯相同。

在EL（电子发光板）的发光体中加入有机化合物就会形成有机EL。有机EL通电后，有机化合物（发光层）被激发，在回到原有状态的过程中，释放出的能量就会转化成光（见图 4-12），所以可以说有机EL是人造的“萤火虫”。

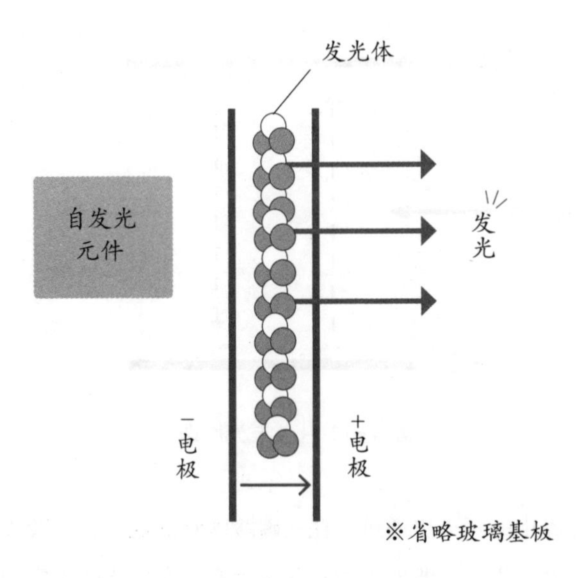

图 4-12 有机EL的原理

◎惊人的轻薄度和丰富的表现力

有机EL发光板是在透明的基板上涂上厚度仅为 10^{-4} mm 的有机化合物制成的。2007 年秋季，索尼发售了一款采用有机EL显示器的电视机，最薄的部分仅 3 mm，而这 3 mm 基本上都是保护发光层的玻璃基板的厚度，因为不像液晶显示器一样需要背光灯，所以才能做到如此轻薄。而且从原理上看，它可以呈现各种波长的光，所以能表达的色彩范围更广。在不发光的部分，还可以展现非常纯粹的黑[①]。

① 2007 年秋季索尼发布的电视机相关数据显示，液晶显示器的对比度为 1000 ：1，而有机 EL 显示器的对比度为 1,000,000 ：1。

另外，这种显示器的视角非常广，基本可达 180°，即使从侧面看，图像也非常清晰。它同时还具备响应快、耗电量低的特点。不仅如此，由于有机EL显示器非常薄，因此可以制成曲面屏，效果同样非常棒。

◎有机EL照明的应用

有机EL发光板可以整体发光，所以能实现大面积的面光源照明，让整个天花板和墙壁都变成光源。同时光线更接近于自然光，更加护眼。不仅如此，由于有机EL发光板更轻薄，所以可以自由地设计形状。

目前有机EL照明最大的竞争对手是LED照明，伴随LED照明发光效率的快速提升和成本的快速下降，有机EL照明想在市场上取得一席之地显得举步维艰。不过，虽然有机EL照明的寿命、发光效率和价格方面都不及LED照明的竞争力大，但是发光效率更高、寿命更长的有机EL材料已经在开发中了，我们可以期待一下未来有机EL照明能有更好的前景。

第五章

生活安全中的物理

35 吊桥如果掉下来会发生什么

> 1940年，一座横跨美国华盛顿州塔科马海峡，全长1.6 km的巨型吊桥倒塌了。这是一桩非常轰动的事件，还有视频资料保留了下来。令人意想不到的是，吊桥倒塌的原因居然是风引起的振动。

◎晃动的本质

有规则的摇晃就是振动。首先在脑海中呈现一个单摆，想象在一个支点上系上一条细绳，绳子下方挂上砝码。

单摆一晃动就开始做规则的往复运动。每秒往复的次数叫作频率，往复一次所花的时间叫作周期。频率和周期让振动有了自己的特征。

◎荡起来的秋千

荡秋千是振动的一个典型例子（见图5-1）。

如果秋千上坐了一个不能自己荡秋千的小孩，那么就需要有人先把秋千往后拉，然后再向前推出去，推出去的秋千荡几次之后，受到空气阻力和摩擦力的影响，摆荡的幅度就会越来越小，最后停下来。但是如果适时地在小孩的背上推一下，秋千又会继续荡起来，如果推得好，秋千还会荡得越来越高。

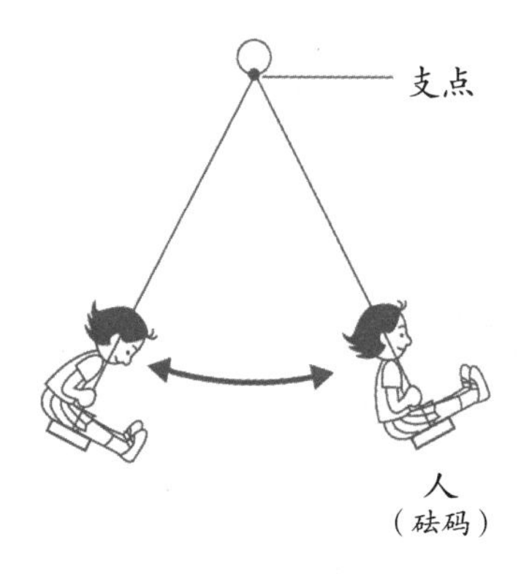

图 5-1 秋千

◎什么是共振

无论是肉眼不可见的原子还是高楼大厦乃至巨大的吊桥，每个物体都有容易振动的频率，这就是固有频率。当物体受到外界摇晃的频率与自身固有频率相同，物体也随之振动的情况就叫作“共振”（或共鸣）。共振一开始就会吸收外部的能量，而且振动的幅度会越来越大。推动秋千，秋千荡得越来越高就是一种共振。因为获取了外界的能量，所以振动无法在短时间内得到有效控制，甚至可能造成建筑损毁。

◎共振的危险性

1831 年，74 名士兵齐步走过英国的布劳顿吊桥时，引起了桥面的共振，导致一侧支柱上的螺栓脱落，吊桥坍塌。这是因为士兵们齐步通过吊桥时，给吊桥施加了规律的振动，而恰好这个振动的频率和桥的固有频率相同，所以就产生了共振。当时过桥的士兵们掉进了河里，造成轻重伤员约 20 名。从那以后，军队过桥都禁止士兵齐步前进。甚至现在有的吊桥上还挂着指示牌“桥上严禁齐步走”。

◎塔科马海峡吊桥坍塌的原因

横跨美国华盛顿州塔科马海峡的塔科马海峡吊桥是世界第三大吊桥，在建设之初就使用了最新锐的设计理论，桥体轻量化，桥塔间距拉到了 853 m。

但是从 1940 年投入使用以来，就算是极小的风也会让塔科马海峡吊桥剧烈地上下晃动，有些人甚至只是通过大桥就会“晕桥”。

为了解决桥面晃动的问题，华盛顿大学的研究团体使用 16 mm 的胶片拍摄了一组视频。从视频中可以发现，桥一开始的振动和坍塌瞬间的振动，情况完全不同（见图 5–2）。

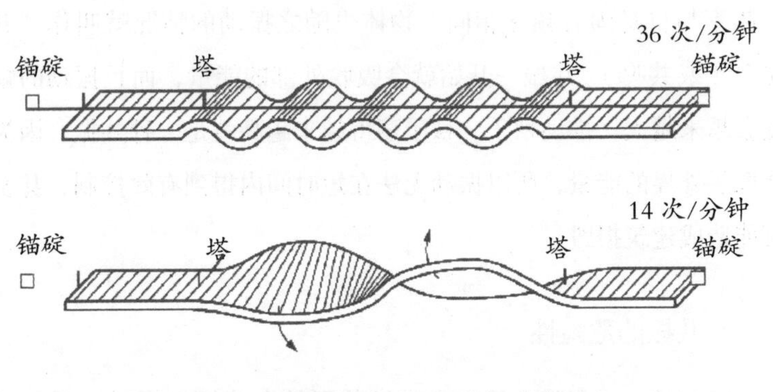

图 5–2 塔科马海峡吊桥的振动情况

起初桥像波浪一样，上下振动。但是因为风没有规律，所以没有产生共振。但是桥体的形状十分有特点，宽度较窄，甚至没有达到 12 m，横向风经过之后容易出现气流旋涡，旋涡形成的时间和桥体的运动一致时，就会使桥体上下振动。

11 月 7 日是命中注定的一天，秒速达 19 m 的强风从侧面吹向大桥。受到强风巨大的冲击，原本只是轻轻地上下晃动的桥体，被刮得歪歪扭扭地开始振动。大风的持续作用导致振动越来越强烈，最终超过桥体结构的承受范围，桥面断裂。一座巨大的吊桥就这样坍塌了。

◎预防振动带来的破坏

这次桥梁坍塌事件之后，桥梁的设计就加入了利用乱流使桥体做不规则振动的理念。

大型桥梁和建筑物在设计之初都会根据构造物的材料和高度来计算固有频率，主要目的就是避免固有频率与地震、大风的振动频率一致，导致共振，带来灾害。

另外，共振是由外来振动的频率与物体的固有频率相同，导致振动的能量被吸收所造成的。但是就算被施加了非周期性的力，物体也会产生振动，这就是“自激振动”。拉动弓弦的声音会带动小提琴的琴弦发出声音，横向的风会导致塔科马海峡吊桥发生振动都属于“自激振动”。

36 为什么说被高跟鞋踩到比被大象踩到更危险

在电车站台和挤满人的电车中，被穿高跟鞋的人踩到时所受的压力有多大，你计算过吗？来自高跟鞋细细的鞋跟和来自象脚的压力，哪个更大呢？

◎被高跟鞋踩到过的人不在少数

高跟鞋的鞋跟又硬又细，可以说是一个非常厉害的“凶器”。

日本一家新闻网站（“在意的那件事情大调查”网站）以全国 1368 名男性和女性为对象，调查他们是否有曾经被穿高跟鞋的女性踩到脚的痛苦经历。结果显示，其中有 20%的人曾经被踩到脚，并感觉到了疼痛。

还曾经有报道显示，有名人被高跟鞋踩到脚，还造成了骨折。

2011 年，千原兄弟中的千原junior被高跟鞋踩到，左脚小拇指根部骨折，医生诊断其需要花两个月才能痊愈。当时在新大阪车站里，前方一名女性突然回头，高跟鞋鞋跟扎进千原的左脚小拇指中，造成了骨折。千原随后被救护车拉到大阪市内的医院里，之后的一个月脚都要用石膏固定，走路要用丁字拐。

2013 年，人气组合生物股长的吉他手山下穗尊在东京涩谷的十字路口被路上穿高跟鞋的女性踩到脚，导致了骨折。

◎大小相同的力，受力面积不同，效果不同

在雪上行走时，如果穿普通的鞋，就会陷进雪地里；但是如果穿滑雪板、雪鞋，就能避免陷进雪里或者泥里。

这是因为比起普通的鞋子，雪鞋等的面积更大，所以能使受力更分散。

利用这一原理，受力相同的情况下，为了使力作用的面积更小，匕首的刀刃会做得很薄。

同样大小的力，作用的面积不同，效果也不同。这种效果可以通过物体表面每平方米受到的垂直作用力来进行比较。

压强即表示压力作用效果（形变效果）的物理量。

压强的计算方式如下：

$$\text{压强（帕斯卡）} = \frac{\text{作用于物体表面垂直的力（牛顿）}}{\text{面积（平方米）}}$$

由此可知，面积相同，受力越大，压强越大。相反，如果受力相同，面积越小，压强越大。

◎被高跟鞋踩到VS被大象踩到

你计算过被高跟鞋踩到和被大象踩到，哪个压力更大吗？

假设大象一只脚的面积为 1000 cm^2，体重为 3000 kg，每只脚大概承受 1/4 的体重，约 750 kg。

同时假设穿了高跟鞋的女性体重为 40 kg，高跟鞋的鞋跟面积

为 1 cm^2，一只脚承受 1/2 的体重，约 20 kg。

1 kg 的物品放在脚上，脚的受力为 10 N，已知 10,000 cm^2=1 m^2，我们来计算两者的压强。

首先，如果被高跟鞋踩到，就相当于 20 kg 即 200 N 作用于 1 cm^2 上，可得压强为 2,000,000 Pa。

如果被大象踩到，因为象脚的面积大于人脚，所以压力和象脚的面积没有关系。

假设大象踩到人脚的面积为 100 cm^2，那么将大象体重的 1/4 放在 100 cm^2 上，可得对应的压强为 750,000 Pa。

所以，被高跟鞋踩到所受的压强是被大象踩到的 2.7 倍。

$$被高跟鞋踩到时的压强（Pa）= \frac{200\ N}{0.0001\ m^2} = 2000,000\ Pa$$

$$被大象踩到时的压强（Pa）= \frac{7500\ N}{0.01\ m^2} = 750,000\ Pa$$

◎压强的单位来源于科学家帕斯卡[①]

压强的单位是帕斯卡（Pa），来源于法国哲学家、物理学家和数学家帕斯卡的名字。

生活中，提到大气的气压等时，我们常用的压强单位是百帕，

① 帕斯卡生于 1623 年，卒于 1662 年，享年仅 39 岁。帕斯卡从小就展现出了惊人的天赋，他发明的机械计算机可以称为现代计算机的鼻祖。

由 1 帕乘 100 得来，用hPa表示。

之所以用他的名字来命名，是因为他做了许多关于压强的研究。他在研究中证实了 1 个大气压可以支撑 76 cm 的水银柱，如果水银柱换成水柱，能支撑的高度可达 10 m 左右。

同时他还发现了帕斯卡原理，又称为静压传递原理，指封闭容器中的气体或液体某一部分发生的压强变化，将大小不变地向各个方向传递。

37 踩了刹车，汽车能立马停下来吗

> A正在享受驾驶的乐趣，突然一只小猫从车的前边蹿了过去。不管A踩刹车的反应有多快，车都要向前滑一段距离才能完全停下来。为什么车不能立刻停下来呢？

◎惯性无法消除

运动中的物体，如果没有来自外部的作用力，就会一直保持匀速运动。这就是惯性，惯性和质量成正比。

不管什么样的车，只要有质量，就无法消除惯性。要让车减速，就需要给车施加与前进方向相反的力。施加同等大小的力，车的质量越大，速度下降得越慢。牛顿将这一规律总结为牛顿第一定律。

要让运动中的物体瞬间停下来，需要的力与撞击产生的力相当。但是这种程度的力通常伴随着破坏，乘车人的安全也很难得到保证。

◎摩擦制动器的原理

要停车就要踩刹车。大多数刹车都是摩擦制动器，利用摩擦力让车轮停止转动。下面将以盘刹为例向大家进行说明。

踩刹车踏板后，力量通过油压装置传递，随后固定在车体上的刹车片就会从两侧按到刹车盘上。和车轮一起高速转动的刹车盘与刹车片相互摩擦，产生的摩擦力会使车轮的转速降下来。同时，轮胎和地面之间的摩擦力也会帮助车更快地停下来。

◎什么决定了制动距离

从开始刹车到车完全停下来的距离叫作制动距离。汽车的制动距离和速度的平方成正比。也就是说，运动中车的动能和速度的平方有关。（见图 5–3、图 5–4）

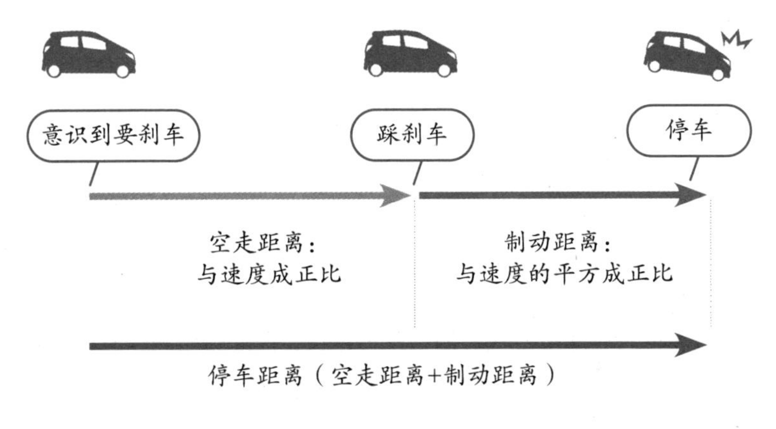

图 5–3 制动距离

车的动能降到 0，车才能停下来。大概估算一下就能发现，动能变成了制动距离内摩擦力所做的功，也就是变成了摩擦产生的热。

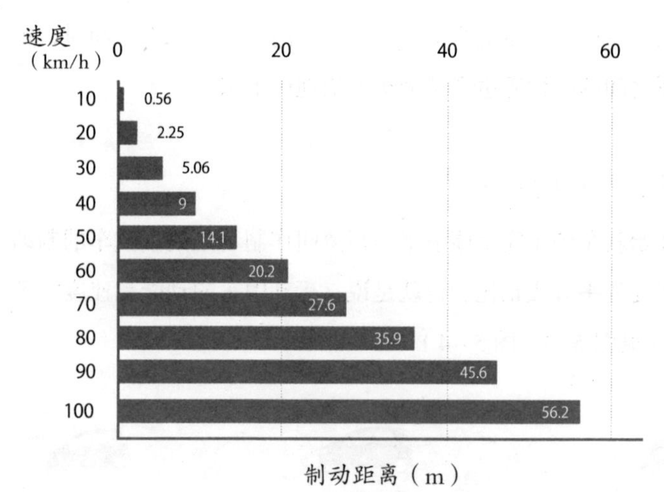

图 5-4 速度与制动距离的关系图

◎注意路面的状态

汽车的行驶速度越快，制动距离越长，但是路面和轮胎的状态也会影响制动距离，原因就是相互接触的物体表面的状态会让摩擦力发生变化。摩擦系数就是摩擦力的标准，摩擦系数越小，就越滑（见图 5–5）。

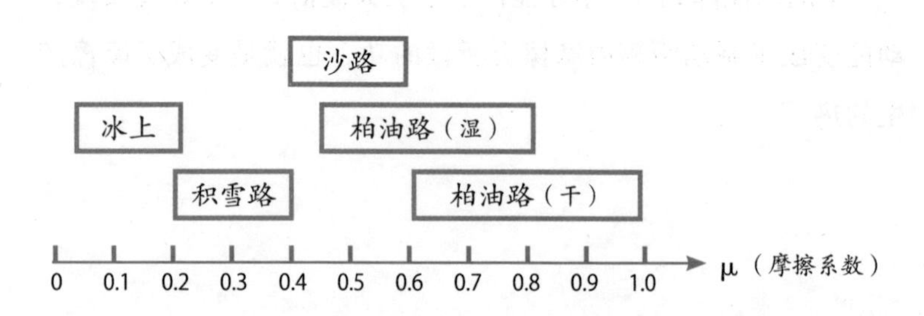

图 5-5 路面和轮胎的摩擦系数

下雨天，有时路面上会形成一层薄薄的水膜。积雪被压实或冻结后造成道路结冰的情况下，摩擦系数就会不断变小，走在上边的车就会打滑，无法前进。路上撒上油或沙子并不能使摩擦系数变小，轮胎磨损后反而会更容易打滑。

◎行驶中的车产生的能量去了哪里

行驶中的汽车带有的动能，基本上都转变成了摩擦产生的热能。热能在将汽车的轮毂、刹车片，以及周围的空气和路面加热后就会散失。这样一想，每次停车产生的能量都没能被利用，而是散失在了环境中，就会觉得有点浪费。

假设一辆总质量为 1500 kg，行驶速度为 100 km/h（27.8 m/s）的汽车突然刹车停下。当时的动能约为 580 kJ，如果这些动能全部变成热能，能将一瓶 2000 g 的水的温度升高到 70 ℃[①]。

◎能回收能量的再生制动器

使用再生制动器的电动车和混动车搭载了电动机，会将车轮转动产生的动能转化成电能，储存在电池中。电动机能转动轮胎、驱动汽车，但也能变成发电机以电能的形式回收轮胎转动产生的能量，再用于降低轮胎转速。不过再生制动器制动较慢，如果用力踩刹车就会切换成普通的摩擦制动器。

① 1 g 水温度上升 1 ℃ 需要 4.2 J 的热量。

38 为什么生鸡蛋也会成为凶器

就算是易碎的生鸡蛋，在高速撞击下，也会产生恐怖的破坏力。以前就发生过这样的事情，扔鸡蛋的人只想开个玩笑，却造成了严重的后果。

◎真实发生过的“天桥扔鸡蛋事件”

2015 年 9 月的一天凌晨和夜里发生了两次天桥扔鸡蛋事件。有人从天桥向正在高速路上行驶的车辆扔了大量生鸡蛋，最终扔鸡蛋的公司职员和他读高中的弟弟被一起逮捕了。调查后得知，他们居然扔了数百个生鸡蛋。二人属于愉快犯，扔鸡蛋主要是为了取乐，但是被砸到的汽车有的前挡风玻璃破碎，有的车顶和发动机罩凹陷，有的甚至差点出了车祸。如此危险的行为已经远远超出了恶作剧的范围。

质量仅有 50 ~ 60 g，给人印象易碎的生鸡蛋为什么会产生这么大的破坏力呢?

◎撞击发生在一瞬间

假设鸡蛋水平扔出去的时速为 80 km，相当于普通人投球的速度。这时生鸡蛋如果迎面撞上时速 100 km 的汽车，那么结果如图 5 –6 所示，从车的角度来看，生鸡蛋的相对时速就会变成 180 km。

碰撞是一瞬间发生的事，让我们来计算一下具体撞击过程持续的时间。

假设生鸡蛋笔直地撞到车上后，直接在撞击点破碎。长 5 cm 的鸡蛋撞上速度为 50 m/s 的车，从鸡蛋与车接触的一端到鸡蛋的另一端完全碎裂用时大概为 0.001 s。

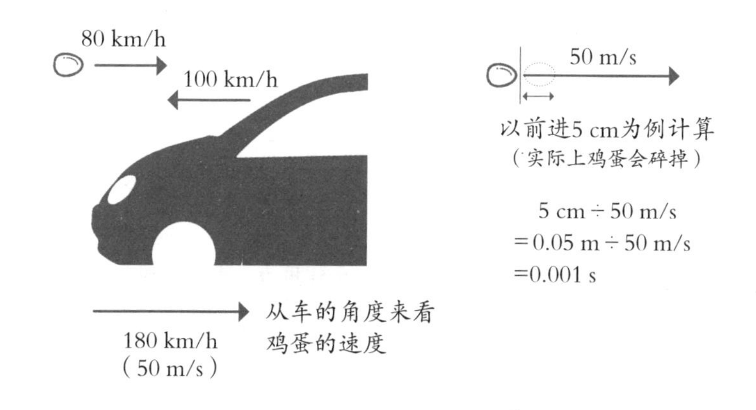

图 5-6　碰撞持续的时间

◎生鸡蛋可怕的冲击力

接下来我们来计算一下冲击力的大小。运动中的物体给其他物体造成的冲击力用“动量”表示。物体越重，运动速度越快，冲击力越大，所以物体动量的计算方式为“速度 × 质量”。

此外，动量的变化为“冲量”，用“力 × 时间”计算。

想象一下棒球场上接棒球的场景，要想让球停下来，就要施加与球的运动方向相反的力。在接球时，手会受到相同大小的反作用力，运动员在接球时戴上手套或者抓具，就是因为手套和抓具柔软且容易变形，会延长接触时间，从而减弱受到的冲击力。相反，如果要在短时间内改变物体的动量，受到的力就会非常大。

让我们将这个原理应用到生鸡蛋撞击汽车的例子中来看。飞来的生鸡蛋与汽车撞在一起，意味着车相对的动量变为 0 。设生鸡蛋的质量为 60 g，与车的相对速度为 50 m/s，计算如图 5–7 所示：

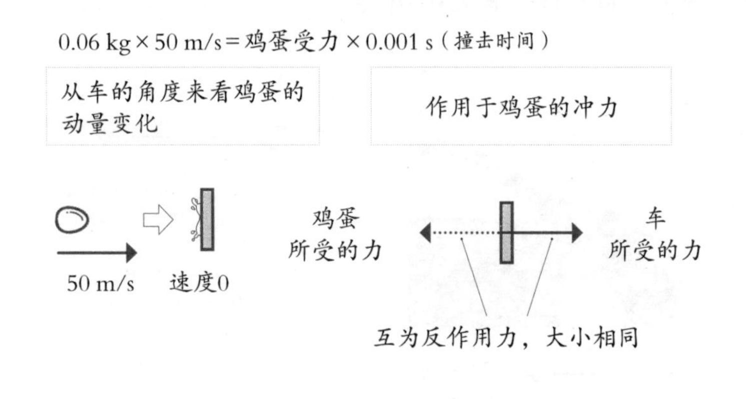

$$车受到的力=鸡蛋受到的力=\frac{0.06\ \mathrm{kg}\times 50\ \mathrm{m/s}}{0.001\ \mathrm{s}}=3000\ \mathrm{N}$$

图 5–7 撞击时的受力大小

计算可得：撞击瞬间的力高达 3000 N，大约相当于 300 kgf，甚至超过了相扑运动中体重最重的力士。

实际上，这个力都集中在距离生鸡蛋撞击点直径 3 cm 的范围内。这就相当于体重 300 kgf 的人，踩着一根直径 3 cm 的高跷踩下来。通过这个例子我们就可以直观地理解瞬间的力有多大，所以在这样的作用力下，让前挡风玻璃碎裂也不是不可能。

生鸡蛋并非球形，它的两端略突出，并且鸡蛋壳对由外而内纵向的力的承受能力非常强。所以在发生撞击时，如果尖尖的两端先撞在车上，产生的瞬间冲击力可能会更大。

◎扔生鸡蛋的行为非常危险

我们时常会听到扔生鸡蛋是为了恶作剧或捣乱。扔的一方小瞧了生鸡蛋的威力，觉得“鸡蛋比石头安全，一撞就会碎得黏糊糊的”，但生鸡蛋有时候也会成为杀人的凶器，这一点希望各位读者一定要记在心上。

国外也曾报道过，一个骑自行车的人，被从汽车里扔出来的生鸡蛋砸中导致失明。所以不仅石头不能扔，就算是生鸡蛋也不能随便对着人扔。

39 为什么人会被雷击中

遭受雷击致死的人中，最多的是在开阔平地上遭受雷击的，其次是在树下避雨遭受雷击的，两者占到了雷击致死人数的一半以上。所以我们应该好好思考一下防雷安全对策。

◎对于雷电来说，人体是绝佳的导体

关于如何有效避雷、保护自身，北川信一郎 1971 年的研究可以作为参考。研究成果来自由医学科、理科和工科三个领域的研究者组成的“人体防雷研究小组”。研究组分别给与人大小相同的玩偶、实验动物施加雷电脉冲进行实验，并将实验结果与以往统计的65起雷击事件的调查数据结合起来，明确了人体受雷击的各种问题，并以研究结果为基础，提出了人体避雷安全指南。

大家一定听过这样的说法，“衣服、雨具和橡胶长靴是绝缘体，所以可以保护人体安全”，但是这种说法并不适用于雷电。

对于雷电来说，人体就相当于一个 300 Ω[①]的导体。在雷电环境中，人体和同等体积的金属棒的作用相同。而且吸引雷电的并不是自身携带的金属物品，而是突出地面的人体本身。所以就算是身

① 物体对电流的阻碍作用，称为该物体的电阻。单位为欧姆，写作 Ω。——译者注

披绝缘物体，也无法避免雷击。

在开阔的平地、海岸或远足、登山的途中，最容易遭受雷击，而且没有有效保证安全的手段。不管是直立还是蹲着、坐着，都有可能遭受直击雷或者侧击雷的袭击。所以在雷雨来临之前尽快离开这些地方避难才是明智的选择。

在这里提醒大家，一旦发现受到雷击，心跳和呼吸停止的人，要立即对他进行心肺复苏，直到救援队到来。如果 5 分钟内呼吸、心跳恢复，那么他得救的概率会很高。

◎在“法拉第笼”中，就算遭遇雷击也平安无事

1836 年，有人找到了安全避雷的方法。这个人发现了电磁感应，是科学史上一颗璀璨的明珠，他就是英国的法拉第。他曾亲自进入用金属网包围的“法拉第笼”，并向笼子释放高压电，向世人证明雷电并不会侵入笼子中。

因此在雷电来临时，留在类似“法拉第笼”的空间内，比如汽车（敞篷车除外）、公交车、火车、混凝土建筑里才是正确的避雷方法。一般家庭中电视机都会连着屋外的天线，所以雷电天气中，要与电视保持 2 m 以上的距离。当然，为求安全最好与电灯线、电话线、天线、接地线连接的家电都保持 1 m 以上的距离。同时切记不要使用电话。

◎进入避雷针和高大建筑物的保护范围内

仅次于“法拉第笼”的避雷措施是进入避雷针和高大建筑物的保护范围之内。

一般来说，高度 4～20 m 的建筑物（包括电线杆）与地面夹角为 45° 的区域都属于保护范围，在这个范围内基本都是安全的。但是 4 m 高的树仍然有可能遭受侧击雷，所以要尽量远离。如果遇到距离地面 4～20 m 的电线，可以把电线看作房梁，电线会对应地与地面形成一个底边为 4～20 m 的三角锥形空间，这个空间就是电线的保护范围，虽然安全性并不能达到 100%。（见图 5–8）

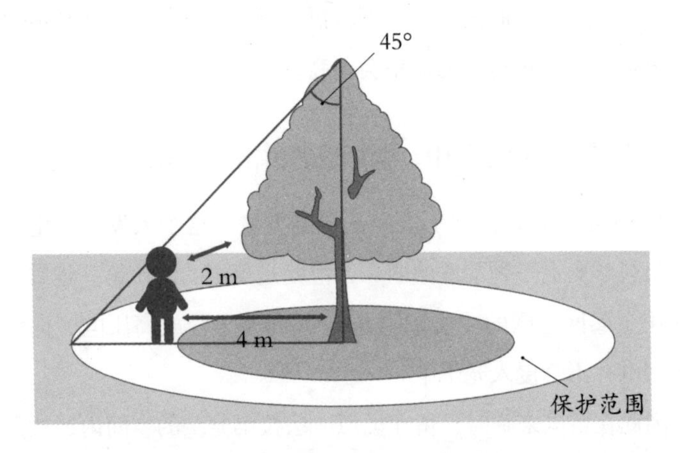

· 处于高度 4 m 以上的物体附近时，在眼睛与其顶点成 45° 、距离 2 m 以上的范围内，保持低位姿势。
· 遇到树时需要与树的所有枝叶都保持 2 m 以上距离。
· 远离 4 m 以下的物体。

图 5–8 避雷的保护范围

◎在输电线的上方配备架空地线

为了避免输电线遭遇直击雷，人们在铁塔的顶部配置了架空地线。雷落在架空地线上之后，雷电会沿着铁塔顶部→铁塔→地面的路径流走（见图 5–9）。

眼睛和架空地线成 45° 以上夹角的条形范围，就是架空地线的保护范围。在紧急避险时，要沿着这条保护带移动。

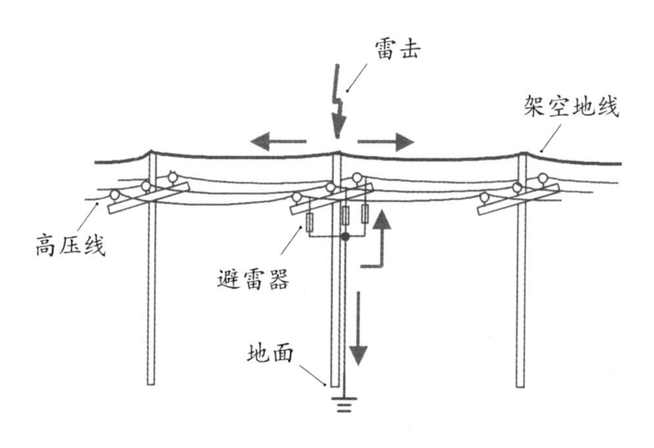

图 5-9 架空地线

◎**提前预测雷雨云动向**

关注天气预报，密切注意气象状况，预知雷雨云动向非常重要。积雨云在几分钟内就会发展成雷雨云，在雷雨云前进方向的下方，下降气流会形成阵风。

以打雷地为圆心，直径 10 km 之内都能听到雷声，一旦听到雷声，就算声音非常小，也要迅速躲避。

40 如何摆脱噼里啪啦的静电

> 冬季空气干燥的时候，手碰到门的金属把手，就会感觉被啪啦地电到一下，还有衣服会紧紧地贴在皮肤上。这两种情况都是静电的“杰作”。

◎为什么会起静电

物体表面起静电的状态叫作带电状态，所谓带电，就如字面所示，带有电荷。

静电分为正静电和负静电，同性静电相互排斥，异性静电互相吸引，电荷作用力符合库仑定律。也就是说，带有大量静电的情况下，两个物体距离越近，库仑力越大①。

产生静电需要两个物体靠近、接触、再分开，分开的瞬间就会产生静电。两个物体接触之后，一方表面带正电荷，另一方表面带负电荷。将两者分离的时候，处于接触面的正电荷和负电荷大部分都会消失，而残留的一部分就是静电。

当电流通过塑料和橡胶等不容易导电的物质时，静电无法流走，所以就会积压在物体中。当这些物体接触到金属等导电性好的物质，就会瞬间将所带的静电释放出来（见图5–10）。一定条件

---

① 库仑定律：两个物体之间的库仑力（静电的力），与各自带电量数值的乘积成正比，与距离的平方成反比。

下，金属中也会积压电荷。积压的电荷如果没有逃离的出路，静电也就无法流出去。

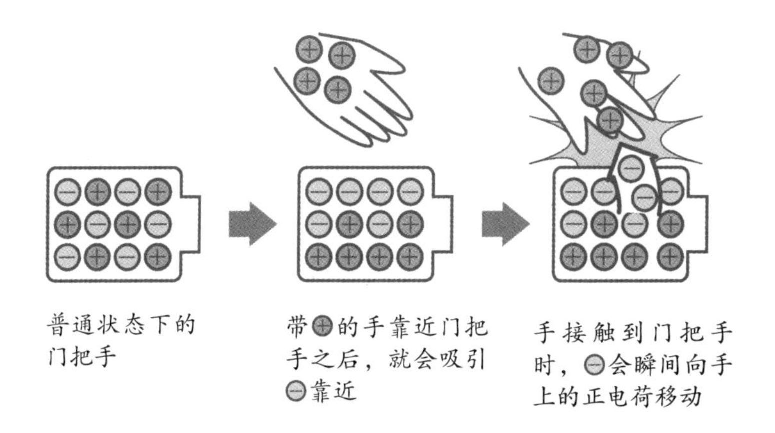

图 5-10 静电流动示意图

物体相互接触时，根据物质带电的难易程度排列可以形成下图的带电序列①（见图 5-11）。

头发、皮毛　玻璃　羊毛　尼龙　人造丝　铅　绢　木棉　麻　木材　人的皮肤　玻璃纤维　锌　铝　纸　铬　银　铜　镍　金　橡胶　聚苯乙烯　铂金　聚丙烯　聚酯纤维　丙烯酸　聚乙烯　玻璃纸　聚氯乙烯

*塑料等绝缘体更容易带负电

图 5-11 带电序列

① 距离相近的物质之间，在不同情况下，可能出现与带电序列的预测相反的结果。同类物质在分离时也会起静电。接触面的性质，是否干净，以及空气中氧气和水分的含量等也会对结果产生影响。

图中处于“+”一侧的物质接触了处于“–”一侧的物质后，前者就会带上正电，后者就会带上负电。例如，用聚丙烯制成的吸管在纸上摩擦后，纸就会带上正电，吸管就会带上负电。

已经产生的静电电压非常高。比如，坐在办公室椅子上的人起身时，就会产生数百伏以上的静电。因为衣服腋下的部分通常会有塑料衬垫，人在活动过程中衣服和衬垫发生摩擦，这时把衬垫和衣服分开，就会发出刺啦刺啦的声音。这个过程中产生的静电高达数千至数万伏，刺啦刺啦的声音就是高压电的电子在空气中传播时的声音。

◎静电产生后，每时每刻都在向大地泄漏

物体在产生静电的瞬间，就会产生静电泄漏。通常情况下，我们实际观察到的静电或者感觉到的静电，是产生的静电总量减去泄漏的静电后剩余的部分。

生活中，物体在湿润或者被水膜覆盖时，更容易产生静电泄漏。水能溶解各种各样的物质，所以自来水等常见的水中一般都包含了正离子和负离子。但纯水对于静电来说是绝缘体。

冬天容易起静电是由于空气干燥，或者开空调使室温上升，相对湿度下降导致的。

在我们的生活中，鞋底、地板、绒毯等各种物品大多使用的原料是塑料这种绝缘体。所以人在行走的过程中，鞋底和地板接触后再分离，就会产生静电。通过步行，人相对地面的电压能达到20,000 V。接触门把手后，门把手和地面的电压相同，都是0 V，但是相对来说人带有20,000 V的电，所以人体自然而然地就会向门把手放电。如果光线比较暗，肉眼甚至能看见放电产生的光。

◎如何应对静电

如何防止接触门把手时产生静电呢？方法之一是在开门之前，拿一块金属片，可以是钥匙或者笔杆是金属的圆珠笔，先接触一下门把手。

一般来说，手靠近门把手的时候，放电产生的电流会集中在一个非常小的区域，瞬间流出去，引起神经的敏感反应。如果先用金属片接触，因为手整体握着金属片，所以电流就会分散到全手，就能减少对神经的刺激。

如果分散电流可以减弱刺激，那么攥拳或用整个手掌去接触门把手的方法也是可行的。

还有其他的应对方法。例如，在接触门把手之前，用手摸一下树或者水泥墙也是可行的。对于静电来说，树和水泥墙并不是绝缘体，一定程度的电流仍然可以通过，而且树和水泥墙连接着地面，可以让人体带的静电得到释放。如果附近没有这样的墙，摸一下门也是可行的。

如果车的座椅是绝缘体，那么在下车的时候，人就会带上静电，所以下车的同时触摸车体的金属部分，会让人体的静电沿着车体泄漏向大地。

41 插排一拖N的上限是多少

家电产品和电子产品层出不穷，让我们的生活越来越方便，同时也让家里的插座越来越不够用。人们明知道一块插排不能接太多的插头，但是一个不小心，家里的插排就变成了一拖N的“章鱼”。本节将给大家解释一下这么做的危险性。

◎插排一拖N的危险性

电是我们生活中必不可少的东西，在给人们带来方便的同时，如果不能正确管理也会带来危险。

实际上插排一拖N的问题中，关键并不在于连接的用电器的数量，而在于用电器中通过电流的总和。通过的电流越大，电阻产生的热量就越大（见图5–12）。虽然电源线和零部件的原材料大多数用的都是电阻比较小的金属，但这并不能完全杜绝发热。如果用电器中通过的电流总和超过一定的限度，插座和插线板就会发热，甚至可能引起火灾。

还要注意，用卷线器捆好的电源线也可能引起火灾。虽然这样给人感觉很整洁，但还是尽量不要把电线捆成一束，因为在没有散热的情况下可能会引发火灾。卷线器里的电线全部拉出来和只拉出一部分使用时，额定电流是不一样的，具体情况要参照使用说明书。

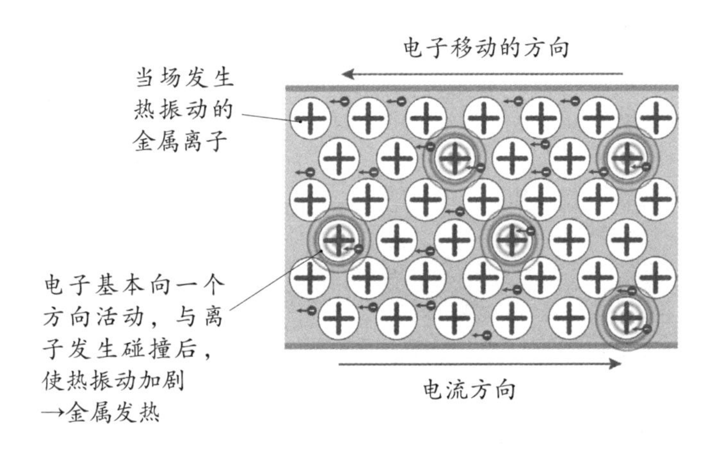

图 5-12 无论是插座还是电源线，只要电流通过就会发热

◎什么时候会发生电器火灾

那么什么情况下会导致危险呢？家电产品中通过的电流和标明的功率成正比，因此只要考虑功率的大小就够了。在日本，家用插排和插线板的额定电压是 100 V。因为功率 = 电压 × 电流，所以用功率 ÷ 100，就可以计算出通过的电流有多大。例如额定值有时候会标记为 1500 W（15 A）。为了安全起见，不管是插座还是插线板都有能承受的最大功率。一般来说，两孔插线板合计最大功率为 1500 W，即它连接的用电器功率合计不能超过 1500 W（见图 5–13）。

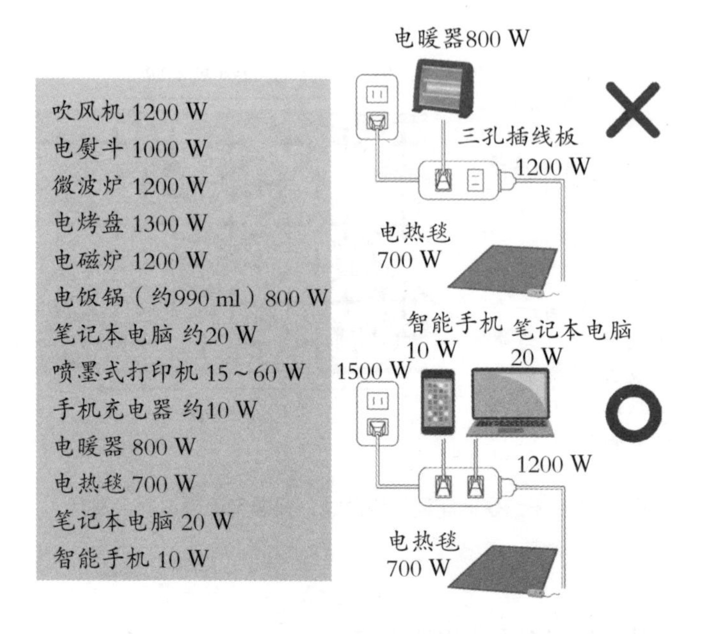

图 5-13 主要家电产品的功率估算和一拖N示例图

我们把能使用的最大功率称为额定功率。例如在一个插座上插一只三孔的插线板，这时 1200 W的额定功率由插线板的三个孔分享。如果同时使用功率较大的电暖器（800 W）和电热毯（700 W），符合安全规定吗？虽然这种情况下还剩一个插孔，但是两个用电器的功率总和超过了 1200 W，所以可能导致插线板和电线发热，最终引发火灾。

为安全起见，计算好功率之和，正确管理用电器非常重要。不过一般电子产品的功率都比较小，所以就算接了很多个也不会超过插线板的额定功率。

◎老化漏电发生在不知不觉间

插座和插线板起火的原因之一就是老化漏电。长时间插在插座或插线板上，插头上就会积灰。如果沾到水滴和湿气，就算插头的金属片只露出了一点点，两个金属片之间也会反复相互放电，最终导致周围的塑料碳化，出现漏电口，引起火灾。这就是老化漏电。

长时间不用的电器要拔掉插头，仔细地把灰尘擦干净。因为家里的洗衣机、冰箱、电视机等电器一般会一直插着插头，很多时候不好打扫，容易积灰，所以尤其需要注意。令人惊讶的是有的人拔掉插头打扫卫生的契机居然是宠物在周围撒了尿。

◎漏电引起的事故

漏电就是电流不经过正确的路径，而是从其他地方泄漏的现象。这不仅浪费电，还会导致触电和火灾等严重的事故。我们前面提到的老化漏电就是漏电的一种情况。

由于电器老化或者电源线出问题等，可能不知不觉间就会出现漏电的情况，这时人只要一接触就会触电。

为了避免漏电，人们使用不通电的塑料等绝缘体给电器和电源线包覆绝缘层。但是使用年限长、绝缘层老化的电源线，以及被家具和门夹到受损的电源线出现绝缘不良的概率还是很大。

另外，洗衣机等容易沾水的电器更容易漏电。没有防水功能的电器沾水后发生短路也十分危险。由于沾水后人体电阻下降，所以会更容易触电，因此严禁用湿手接触电器。

◎地线一定要接好

为了降低漏电后的损失，一定要接好地线。电流从电压高的地方流经人体，流到电压为 0 的地上就会导致人触电。但是比起人体，电流更容易通过地线，泄漏的电流只要经过地线流向大地，人就是安全的（见图 5–14）。以防万一，洗衣机、冰箱、空调、微波炉、洗碗机等大功率电器和潮湿环境中使用的电器一定要接好地线。

图 5–14 接好地线，就算漏电也是安全的

42 智能手机的无线电波有害吗

包括手机、Wi-Fi和蓝牙等在内，我们生活中会用到各种各样的无线电波。那这些无线电波和我们拍X光片时用的X射线和紫外线是一样的吗？

◎电磁波究竟是什么

使用家电时，电流会流过电源线。当电流流经电源线时，电源线的周围就开始有磁力作用。这里的磁力和吸引铁砂的力是一样的。

如图 5-15 所示，使用家电时，电力和磁力会同时开始工作。因为电场和磁场相互作用的同时，会以波动的形式向外传递，这就是电磁波[①]。

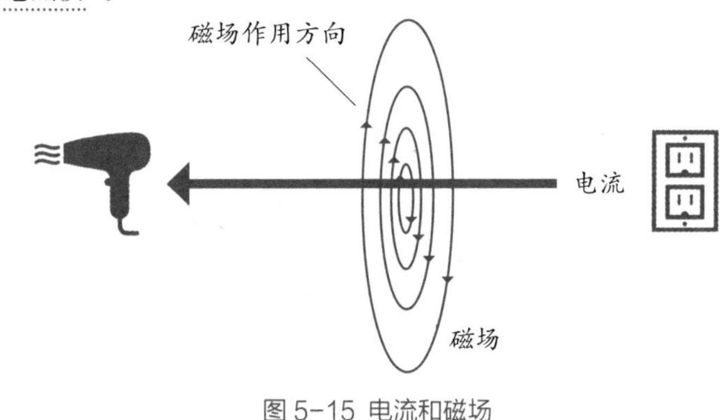

图 5-15 电流和磁场

① 非波形传播时，叫作电磁场。

◎电磁波和电离作用

电磁波的种类很多，其中包括拍X光片用的X射线，还有 γ 射线以及紫外线，但是这些波并不属于无线电波，因为它们的功能完全不同。

电磁波也是波，所以有对应的波长和频率。电磁波的能量和频率成正比。

频率较大的电磁波有用于癌症治疗的 γ 射线，频率为 10^{18} Hz；拍X光片用的X射线，频率为 10^{16} Hz。除此之外还有频率为 10^{15} Hz 的紫外线和频率为 10^{12} Hz的红外线等。

其中与其他电磁波性质差别最大的是红外线，因为红外线不具备电离作用[①]。

电离作用就是当电磁波与其他物质发生碰撞时，将物质中的电子弹飞的作用。但是这需要电磁波具备极大的能量，而红外线的频率较低，所以没有足够的能量引起电离作用。

◎无线电波不具备电离作用

我们将频率处于 3×10^{12} Hz 以下的电磁波称为无线电波，无线电波不具备电离作用。无线电波也不会损伤DNA，或者引起癌症。手机使用的无线电波频率只有 $10^8 \sim 10^9$ Hz，就算对人体有影响，程度也只相当于微波炉加热物体的“热效应”，除此之外并没有发现其他影响。智能手机发出的无线电波强度甚至不到能引起

① γ 射线、X 射线、紫外线具备电离作用。紫外线之所以能用于杀菌就是因为紫外线照射会将细菌 DNA 中的电子弹飞。

"热效应"的无线电波的 1/50。也就是说，手机的无线电波并不会损害人体。（见图 5–16）

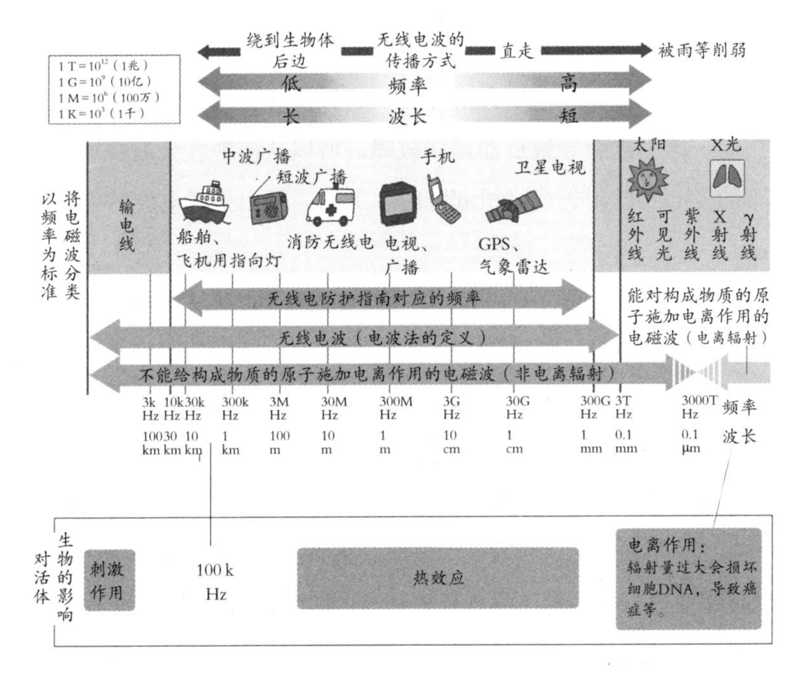

图 5–16 电磁波的分类和对活体生物的影响

◎深度分析无线电波，让您更放心

无线电波也是波的一种，所以重叠在一起会使声音升高或者降低。能发送和接收信息的机器会发出无线电波这一点可能很好理解，但只要是用电的产品，就算是不能收发信息的机器也会发出无线电波，只不过不同家电发出的无线电波的波形不同。如果日常使用多种家电，各种家电发出的无线电波互相重合形成的波会传递到总开关，那么对重合后传到总开关的波进行解析，就能推断出在什么时候使用了什么家电。利用这一原理，可以向家人发送家电使用状况的服务已经成为老年人看护服务的卖点之一。

◎爱心专座附近不再需要关闭电源的原因

有时候多种无线电波会重合在一起，但这种情况并不是人们希望的。因为这会导致机器运作故障，所以从前乘客会被要求在电车的爱心专座附近或飞机起降时，关闭会发出无线电波的电子产品。

但是随着技术的进步，手机的无线电波发射功率大大减小。例如第二代技术中无线电波发射功率为 800 mW，而第三代技术中无线电波发射功率已经降到了 250 mW。只要无线电波变弱，对其他机器产生影响的可能性就会大大降低。

现在医疗器械也在不断进化。如果给手机裹上 2 ~ 3 层细金属网和锡纸，手机就无法接收无线电波，从而丧失通信功能。用同样的办法就能使医疗器械不易受外界影响，因此在医疗器械附近也就无须再关闭电源。

第六章

人体和体育运动中的物理

43 为什么互推时双方出力相同还会决出胜负

作用力和反作用力是方向相反、大小相同的力。这一点在体育世界中应该也是成立的。但是为什么在互推时对战双方会分出胜负，而不是打成平手呢？让我们从牛顿力学的角度来解释这个问题。

◎作用力和反作用力定律

17世纪，英国的牛顿提出了力学领域的“牛顿三大定律”。其中第三定律“作用力和反作用力定律”知名度非常高，但是这一定律也因为常被错误理解而知名。

牛顿第三定律主张：物体A作用于物体B的同时，也会受到来自B的反作用力。作用力与反作用力是同一条直线上方向相反、大小相同的力。

如果用手按着墙壁和桌子，因为手有触觉，所以人会感受到来自桌子的反作用力，这一点不难理解，但是要理解作用力和反作用力大小相同这一点可能会难倒不少人。

◎受力相同≠双方平手

我们以单纯的互推为例来看这个问题。想象运动员在相扑或打橄榄球时相互推搡，假设A以压倒性优势推倒了B，这时A对B的作用力要远远大于B对A的作用力吗？如果有读者认为获胜一方的作用力更大，那么请重读一遍我们前文提到的“作用力和反作用力定律”，就可以发现双方对彼此的力就是作用力和反作用力的关系，牛顿第三定律已经证实了这两个力的大小总是相等的。

如果作用力和反作用力定律是正确的，那么为什么还能分出胜负呢？如果两个力大小相同，双方不动的情况下，为什么最终不是达成平局呢（见图 6–1）？

无论是胜是败，作用力和反作用力的大小都是相等的。既然相等，为什么有人会败下阵来，而不是平局？

图 6–1　互推时，双方受力大小相同

◎作用于不同物体的力无法计算合力

上文中无法理解第三定律的人错误地将“作用力和反作用力”与“力的平衡”混为一谈了。力的平衡指作用于一个物体的多个力，合成一个力之后（将方向考虑在内，相加可得）变为 0。如图 6–2 所示，手掌中放一个苹果，如果作用于苹果的重力和手掌对苹果向上的支持力相同，由于两个力方向相反，大小相同，所以二力抵消，合力为 0，则苹果处于力的平衡状态。这就是它与“作用力和反作用力”的区别。

关键在于受力者。在上述苹果的例子中，两个力分别是“地球吸引苹果的重力”和“手对苹果向上的支持力”，受力者都是苹果，所以只有作用于同一个物体的力才可以计算合力。但是上文中提到的作用力和反作用力，分别是“B受到A的作用力”和“A受到B的作用力”，两个力原本受力者就不同，所以无法计算合力，也就谈不上考虑物体是否处于力的平衡状态。以钱来打比方，就是大家都希望自己的钱越多越好，但是不能把别人的钱当作自己的财产，也不能用别人的钱去还自己欠的债。

图 6-2 两个力互相平衡

◎决定胜负的要素是什么

既然如此，为什么还能分出胜负？以图 6-1 中的相扑为例，我们来找一下除了A和B互相施加给对方的力，还有没有其他力的存在。

两个人为了向前进，都会用力蹬着地面，这种场景下，作用力和反作用力的定律也是成立的，脚向后蹬地的力与地面摩擦力对脚的反作用力大小是相同的（见图 6-3）。如果摩擦力大于来自对方的作用力，那么作用于运动员自身的合力方向就是向前的，运动员也会向前进。我们可以理解为摩擦力的大小决定了胜负。

橄榄球运动中，运动员为了防止脚底打滑会穿上钉鞋，但相扑选手上场都是赤脚。为了获得更大的摩擦力，就需要对地面施加更大的压力，所以体重越重越有利，这也是相扑选手拼命增加体重的原因[①]。

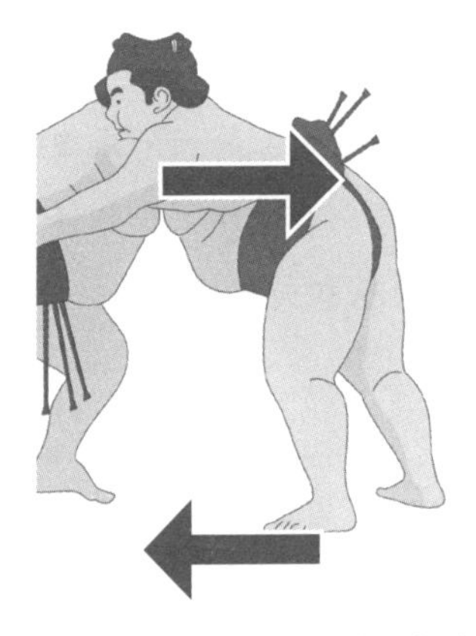

图 6-3 相扑选手也会受到来自擂台的力

相扑中，选手起身瞬间用较低的姿势去冲击对方是比赛的常识。以较低的体位冲击对方，逼迫对方抬起胸膛后，冲进对方怀里，抓住腰带就能抓住胜机。抓住对方腰带向上拉的过程中，不仅能使对方对地面的压力降低，还能增加自己的重量，在摩擦力争夺战中可谓是一举两得。

综上所述，虽然对战双方向对方施加的力是作用力和反作用力的关系，两者是大小相等的，但如果能将其他的力也灵活利用起来，并用一些格斗的技巧推动对方或者迫使对方转身，就能在这些互推比赛中胜出。如果大家今后看比赛时从这些角度去思考，也许就能找到一些新的观战乐趣。

---

① 虽然橄榄球运动的人墙战术中，体重越大越有利，但是因为脚不能滑，所以如果从地面获得的作用力不够，导致动作变形，就不得不调整脚部动作向后退。

44 肌肉力量的发挥要依靠杠杆原理吗

所谓杠杆就是以棍子上某一个点为支点，用很小的力撬动重物或者用较小的动作实现物体较大的位移。人的身体中就隐藏着骨头和关节构成的杠杆。

◎身边的三种杠杆

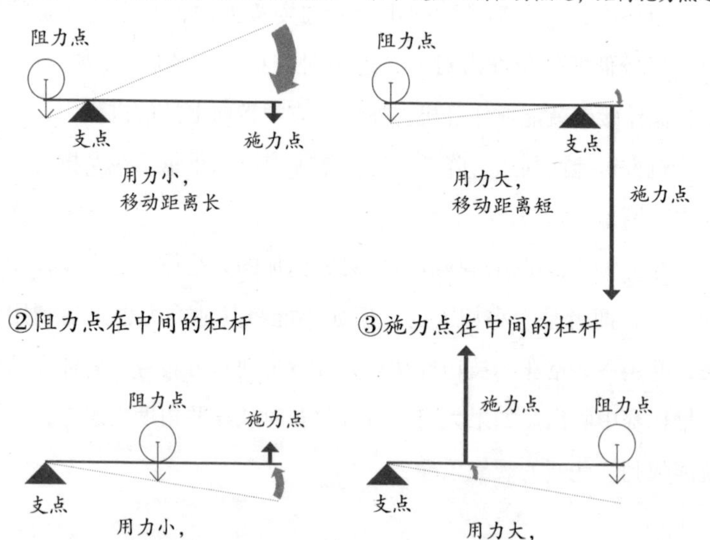

图 6-4 三种杠杆的作用和特点

杠杆上有支撑棍子的支点，施加力的施力点和负重的阻力点，根据三者之间的关系可以将杠杆分为三种，也就是说，与支点的位置关系决定了杠杆的两个特点（见图6-4）。

◎肌肉只能收缩不能伸长

我们的身体之所以能按我们的想法活动，是因为构成身体的骨头和骨头上附着的骨骼肌能正常地工作。

我们可能会觉得肌肉既然可以收缩，那肯定也可以伸长，但其实肌肉并不能伸长。当肌肉收缩的时候就能发力，如果不用力，肌肉就处于松弛状态。骨骼肌为了将一块骨头与其他骨头连接在一起，会横跨一个或者两个关节，用肌肉两端的肌腱将骨头连接在一起。肌腱连接着的骨头，决定了肌肉力量的作用方向。虽然肌肉不能伸长，但肌腱是可以伸长的，肌肉收缩时，肌腱对应地就会伸长。就算是一个非常简单的动作，也需要许多块肌肉同时发生收缩和松弛，可见肌肉的工作非常复杂。

◎手臂运动中的杠杆原理是什么

在体内的杠杆中，骨头相当于能移动的棍子，关节相当于支点，肌肉在施力点用力。举一个简单的例子，在展示肱二头肌的时候，手臂后侧的肱三头肌就构成了一个杠杆。(见图6-5)

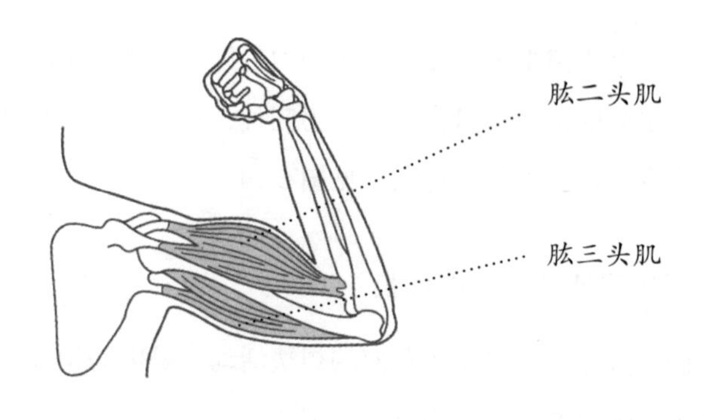

图 6-5 肌肉分布示意图（上臂）

肱二头肌位于上臂前侧，附着于肩胛骨、肩关节和肘关节内侧。首先想象一下这样的场景：手握 5 kg 的哑铃，屈肘，弯曲下臂，将哑铃举过肘关节（见图 6–6、图 6–7）。

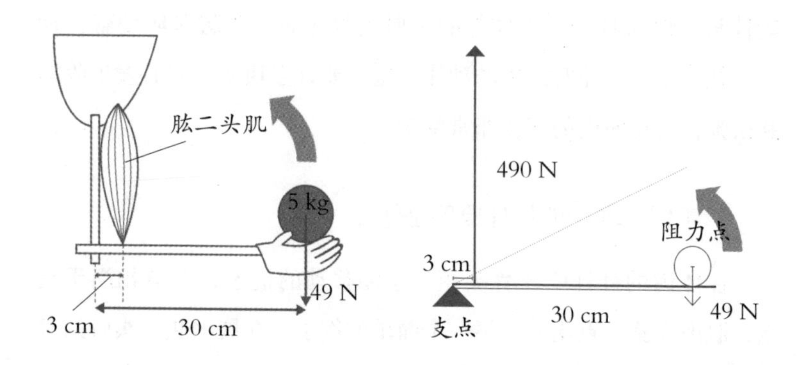

图 6-6

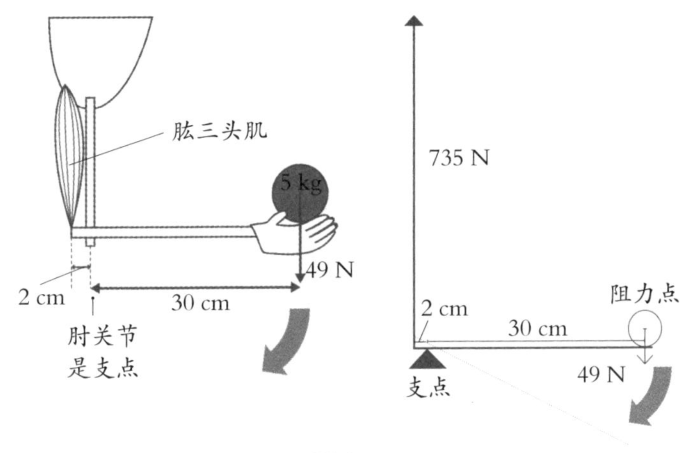

图 6-7

过程中，肘关节作为支点，相对静止。因为肌肉附着在肘关节内侧 3 cm 处，所以这个点就是施力点，而阻力点是拿哑铃的手，距离肘关节大约 0 cm。这时，形成的杠杆如图 6–4–③所示。

我们来计算一下，肌肉需要多大的力才能把哑铃举起来。支撑哑铃需要 49 N 的力，但令人意外的是，身体使用杠杆后，肌肉需要发力 490 N，达到哑铃重力的 10 倍。但是从移动的距离来看，肌肉只收缩了1 cm，而哑铃的移动距离为 10 cm，是肌肉的 10 倍。

接下来看肱三头肌，上方附着于肩胛骨和肱骨，下方附着于前臂骨向上突出、距离肘关节 2 cm 处。以肘关节为支点，伸展胳膊的时候肱三头肌收缩发力。

这是支点位于中间的例子，如图 6–4–①（b）所示。阻力点与支点的距离是施力点与支点距离的 15 倍，这时施力点肌肉发力是阻力点的力的 15 倍，但是肌肉收缩 1 cm，就能使阻力点移动

15 cm[1]。

◎肌肉的力量超乎你的想象

上文中提到的两个杠杆，都是施力点距离支点近的案例。身体中的杠杆让骨骼肌在狭小的空间中工作，肌肉略微收缩都能使骨头产生幅度较大且快速的移动。与此同时，肌肉的巨大力量也让人惊讶，肌肉真是个“大力士”！

---

① 为了简化问题，省略了杠杆中棍子的重量。实际上施力点的重量是哑铃的重量和充当棍子的前臂以及手的重量之和。但是如果将这两个重量计入其中，合成后重心的位置就成了阻力点，所以实际的数字也略有改变。

45 发令枪不再是弹药爆破式的原因

> 田径和游泳比赛中，发令枪的枪响等于比赛的开始。虽然学校运动会中比赛开始的信号还是发令枪的弹药爆破声，但在国际大赛中也是如此吗？

◎运动员听到发令枪的枪响有时差

过去田径比赛和游泳比赛开始的信号，用的都是发令枪的弹药爆破声。例如，1964 年东京奥运会中使用的就是用空包弹发令的口径 38 mm 的手枪。

1964 年东京奥运会之前，田径比赛只有 6 条赛道，也就是说，每场比赛有 6 名运动员同台竞技。但是 1960 年前后，运动员数量增加，参赛人数变多，到了东京奥运会，赛道增加至 8 条赛道，每场比赛上场的运动员变成了 8 人。

因此，发令员站的位置会给选手们造成影响。为了确认参赛者是否有违规行为，发令员的位置必须能清楚看见所有的参赛者。比如，400 m 比赛中，如果发令员站在能看清所有赛道的位置，那么第 1 赛道和第 8 赛道听到发令枪的时间就会有时差（见图 6–8）。

100 m 比赛中，第 1 赛道和第 8 赛道运动员的起点距离为 8 m，200 m 比赛中为 27 m，400 m 比赛中约为 47 m，

4×400 m 接力赛中为 66 m。

音速为 331.5 m/s，用上文中各个距离差除以音速，就可以求出运动员听到发令枪的最大时间差。

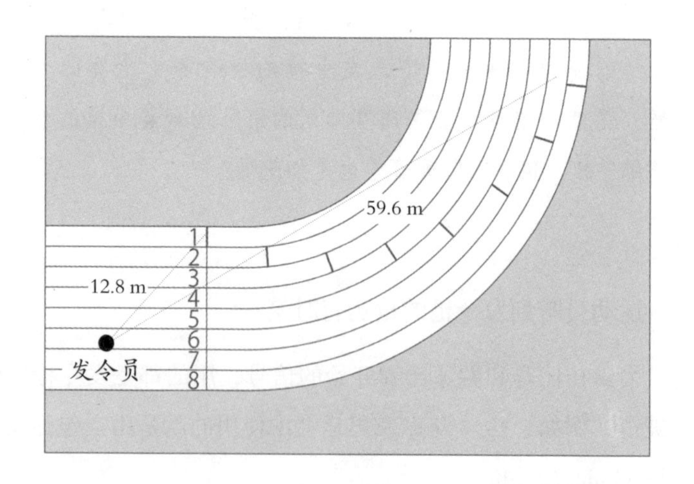

图 6-8 400 m 比赛中发令员站的位置和运动员的距离

最终计算结果分别为 0.023 s、0.079 s、0.137 s 和 0.192 s。运动员只有听到发令枪才会起跑，所以听到枪声有时间差对运动员来说是不公平的。

目前男子 100 m 短跑纪录是牙买加选手博尔特于 2009 年 8 月 16 日创下的 9.98 s。可见正式记录中，选手成绩会精确到小数点后两位，也就是说，选手们争取的是每一个 0.01 s，可见发令枪的影响非常大。

因此，2010 年温哥华奥运会改变了发令方式，从弹药爆破式换成了电子式。电子发令枪撞针后，发令枪不会出声，但是会打开电子开关，随后电子信号以光速迅速传到起跑器连接的扩音器中，这样各赛道选手身后的扩音器就会同时发出声音。

◎音速

我们耳朵中听到的声音基本上都是经由空气传播的。空气温度越高，空气分子运动得就越激烈，向旁边的分子传播声音的速度也会越快；相反，空气温度越低，声音向旁边的分子传播的速度也会变慢。声音在空气中传播的速度，可以通过以下公式求出：

音速（m/s）= 331.5+0.6 × 气温（℃）

◎声音也会在固体和液体中传播

相信许多人都有这样的经历：在游泳池中也能听见人讲话的声音。这是因为水和空气一样，都会传播振动。

声音在液体和固体中都能传播。在水中的传播速度是空气中的4倍，在钢铁中的传播速度是空气中的15倍。

奥运会项目中有一项花样游泳，选手们随着音乐在水面和水中做出许多华丽的动作。这项比赛中，使用水中专用的扩音器，就能在水中播放音乐。因此选手们在水中也能听到音乐，从而完成表演。

46 起跑器的作用是什么

400 m 及以下的国际田径项目中，运动员必须使用起跑器。这不仅是为选手着想，也是为裁判提供便利。

◎两种起跑方式

以跑步比赛为主的田径比赛中，有距离跑、跨栏跑和障碍跑等项目。这些跑步项目中，400 m及以下的项目要使用起跑器，采用蹲踞式起跑姿势，400 m 及以上的比赛采用站立式起跑姿势。（见图 6-9）

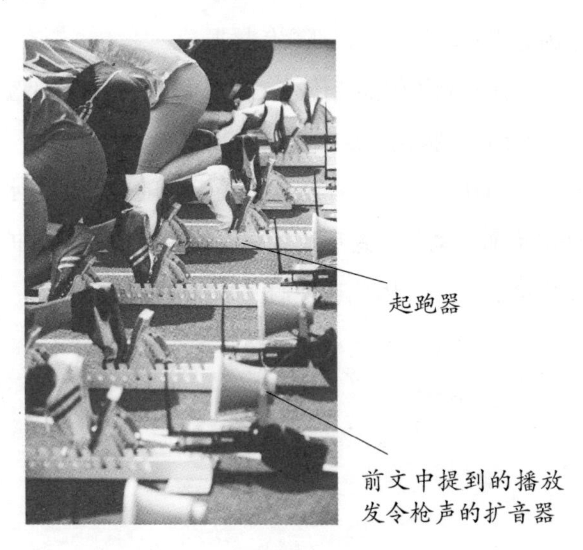

图 6-9 起跑器

现在蹲踞式起跑已经成了一种国际惯例，但是在 1896 年第一届雅典奥运会上，只有托马斯·伯克一个人采用蹲踞式起跑。在那一届运动会上，他以 12 s 的成绩获得 100 m 短跑冠军，受此影响，蹲踞式起跑开始在全世界普及。

现在使用的起跑器都是金属制造的，但是 1900 年左右的时候并没有这样的道具，选手们一般都是自己在跑道上挖出一个小坑。因为当时的运动员们认为要想跑得更快，就要用蹲踞式起跑姿势。

◎前进方向和力的作用方向

蹲踞式起跑最大的优点是人向地面用力的同时，地面会以反作用力的形式对人产生推力，反作用力的方向可以非常接近运动员实际前进的方向（见图 6–10）。当然，无论多大的力，如果方向不正确，也就不能作为向前的推力。

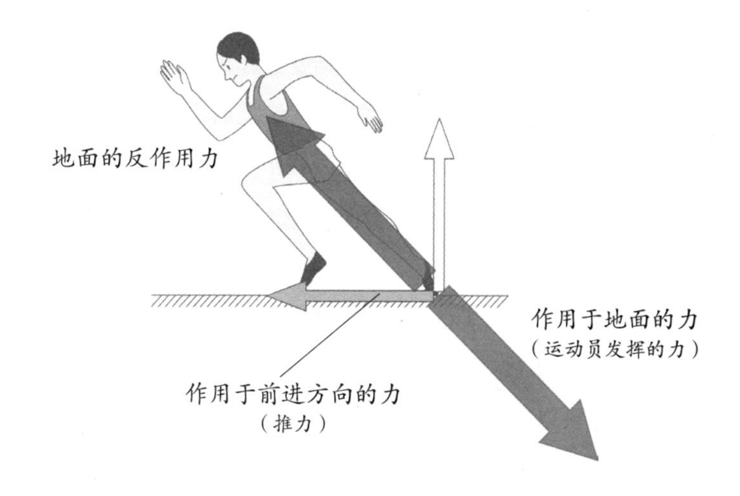

图 6–10 受到地面的反作用力向前进

例如，如果要从正常的站立状态开始向前走，脚掌完全贴着地面，基本无法向前行走。这时首先需要抬起脚后跟，弯曲前脚掌，接下来向下蹬。也就是说，我们平时走路时都需要脚与地面成一定的角度，然后向下蹬地。（见图 6–11）

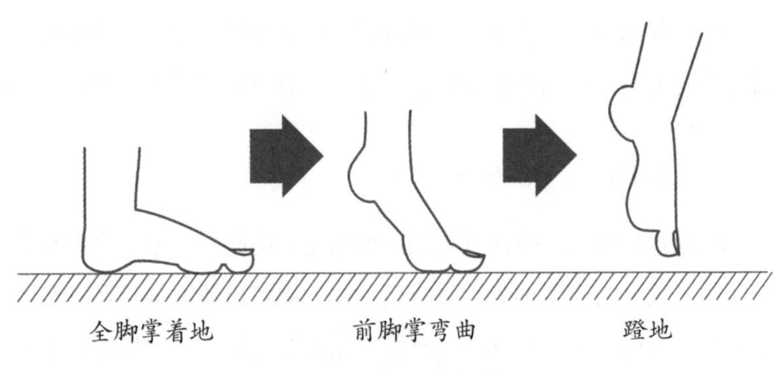

图 6-11 步行动作分解

那么起跑时只要前脚掌弯曲，以蹲踞姿势起跑就可以了吗？事实并非如此，因为如果前脚掌弯曲幅度过大，反而会导致打滑。

摩擦力能防止打滑，它与垂直于地面的压力成正比。如果前脚掌弯曲的角度过大，就会导致垂直于地面的压力减小，从而导致摩擦力减小。

起跑器的出现就解决了这一问题。起跑时，踩在起跑器上的脚与地面成一定的角度，因此起跑器本身会受到垂直于地面的力，这样一来就可以避免打滑，起跑瞬间蹬地的效果也会更好。使用起跑器起跑后就可以立即加速，所以蹲踞式起跑也被叫作“火箭式起跑”。

◎能加大推进力的鞋子

除此之外，人们还从其他角度探索了加大推进力的方法，那就是穿跑鞋。

2020 年箱根接力赛中，84％的参赛者都穿了同样的鞋子[①]。鞋子采用特殊设计，内部有类似弹簧的构造，能使运动员跑步时的蹬地力更强。这种鞋子的影响力大到几乎所有区间奖获奖选手都穿的是这种鞋子。

但是并非所有穿这种鞋的人都能跑得很快，因为蹬地时间点会有变化，所以需要通过特殊训练来与鞋子配合。

◎识别抢跑

起跑器不仅用于给选手的起跑助跑，也用于识别抢跑。

运动员起跑时踩下起跑器，起跑器所受压力就会产生变化。现在起跑的信号已经实现数字化，所以通过测量压力的变化，就可以计算出信号枪响到选手起跑所用的反应时间。

如果反应时间小于 0.1 s，就会被视作抢跑。之所以以 0.1 s 为标准，就是因为从人听到声音到做出反应至少需要 0.1 s。

① 名为“Zoom X Vaporfly NEXT％”的厚底鞋。这种鞋重视缓冲性能，弹性非常好，所以可以较好地发挥推力。据说这种鞋不仅可以让运动员跑得更快，还可以减轻对脚的伤害。

47 在马拉松比赛中跟在其他选手身后跑有什么好处

在马拉松等长距离比赛项目、滑冰中的团体追逐项目，以及自行车比赛中，经常会看到多名选手自发地“列成一队”向前行进的场面。这样做到底有多大的好处呢？

◎跑得越快，空气阻力越大

缓慢行走和快速跑，两者哪一个感受到的风更大？空气中运动的物体所受的空气阻力与速度的平方成正比。也就是说，运动过程中，速度越快，所受的空气阻力越大。

比如，骑自行车的时候，速度越快，感觉到的风越大。在速度更快的跳伞运动中，下落时最大时速约为 200 km。处于这种风速的环境中，皮肤甚至会被风吹得抖动。

◎马拉松选手们感受到的风

马拉松选手们比赛时的速度有多快呢？2016 年里约奥运会男子马拉松冠军是来自肯尼亚的基普乔盖，他用 2 小时 8 分 44 秒完成了 42.195 km 的比赛[①]，秒速为 5.5 m，时速为 20 km。

2018 年日本体育厅公布的数据显示，中学生 50 m 短跑的平均用时为 8.42 秒，换算成速度为秒速 5.9 m，时速 21 km。

一般来说，骑女式自行车全力蹬车时的速度为 20 km/h。也就是说，马拉松选手们在比赛中感受到的风速和我们全力蹬女式自行车时感受到的风速是相同的。

◎抱团跑

感受到的风速越大，就意味着受到的阻力越大。因此，如果有一个人能跑在前方替自己挡风，那么自己受到的风的阻力就会减轻。据说在比赛过程中，因为跑的位置不同，所受的风的阻力甚至能降至平常的 1/10。

如果能将这一原理灵活地运用起来，那么即使在比赛中有好几个选手跑步的速度相同，也能把前方的选手变成自己的破风手，这样就能节省体力，从而在接近终点时一口气完成反超。

这种战术叫作“跟车”。铁人三项的自行车比赛和速滑比赛的个人赛中都明令禁止“跟车”，但是在马拉松、公开水域游泳比赛以及速滑团体追逐赛中，如何利用“跟车”来保持体力是比赛的关键。

◎尾流

移动速度与马拉松比赛中运动员的跑步速度相当的情况下，只

---

① 在 2018 年柏林马拉松比赛中，基普乔盖用时 2 小时 1 分 39 秒，刷新了世界纪录。此外有非官方记录显示，2019 年 10 月在维也纳举行的特别比赛中，基普乔盖用时 1 小时 59 分 40 秒，成为全程马拉松历史上第一个突破 2 小时大关的人。

能产生破风的效果；而如果移动速度非常快，与自行车和速滑比赛中运动员的速度相当时，就会产生其他的效果。如果一个物体移动速度非常快，那么在这个物体的正后方，空气被高速推开，气压下降，就形成了空气旋涡，处于该物体后方的物体也会被吸进旋涡中，这就是“尾流”（见图 6–12）。

图 6–12 尾流

赛车中也会使用一些技巧，利用尾流来减轻自己车身的负担。

但这些技巧都是驾驶技术非常好、熟练度非常高的司机在比赛中才会使用的。如果想在日常生活中利用尾流，可能会因为车辆间距太小引发事故。

48 游泳中哪个阶段的速度最快

游泳比赛有自由泳、蛙泳、仰泳、蝶泳和个人混合泳5个项目。无论哪个项目，选手刚跳入水中时，都不会立即划水。

◎游泳时重要的几个力

游泳选手从开始比赛到抵达终点的过程中，什么时候的速度最快？如果从选手挥动手臂，向后划水获取推力的角度来看，似乎即将到达终点时的速度是最快的。但是事实并非如此，实际上刚入水时的速度是最快的。

向前游的过程中，选手的受力主要有两个：一个是通过划水获得的推进力，另一个是水的阻力。（见图6–13）

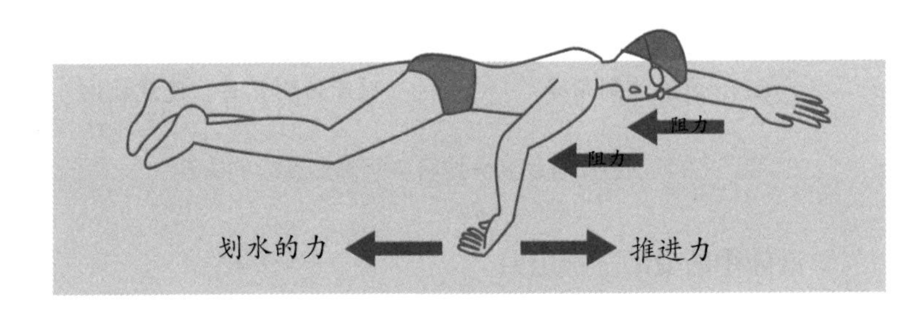

图6–13 推进力和阻力

我们走路和跑步的时候，速度越快，受到的空气阻力越大。

在水中活动也是一样的，速度越快，所受的阻力也越大。但是空气阻力和水的阻力大小不同，空气中所受阻力与速度的平方成正比，而水中所受阻力和速度的三次方成正比。因此在田径 100 m 短跑比赛中，由于起跑后姿势的变化和身体疲惫程度等各种因素的影响，在 60 m 时，选手的速度达到顶峰；而游泳比赛中，由于阻力的影响太大，所以无论是多么厉害的选手，最开始入水时的速度都是最快的，之后速度就会越来越慢（见图 6–14）。也就是说，为了游得更快，就要考虑如何降低阻力。选手们不在刚入水时就立即划水就是为了降低阻力。

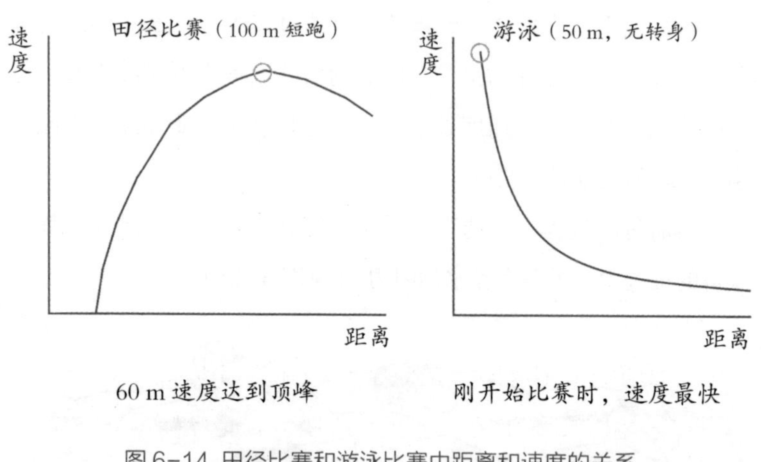

图 6–14 田径比赛和游泳比赛中距离和速度的关系

◎游泳中所受的三种阻力

游泳中所受的阻力有三种，分别是外形阻力、波浪阻力和摩擦阻力（见图 6–15）。

首先是外形阻力，即人在水中，正前方的水造成的阻力。选手们向前游的时候必然是一边与水对抗，一边向前进。要对抗的水量越大，受到的阻力越大。也就是说，如果腿部越是下沉，受到的外形阻力越大。当然，前进过程中身体也不能向左右两边歪。

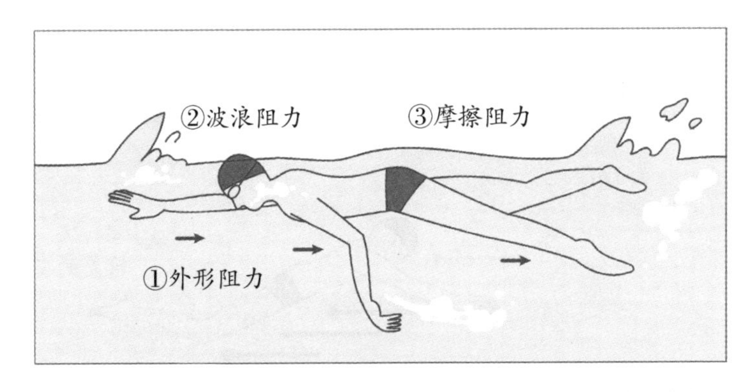

①外形阻力：在水中前进时，由姿势和体型决定大小
②波浪阻力：运动员激起的波浪产生的阻力
③摩擦阻力：皮肤和水接触产生的阻力

图 6-15　游泳中的三种阻力

游泳比赛中，采用“流线型姿势”非常重要，要尽量避免腿部下沉和身体左右摇摆，原因就是为了降低外形阻力（见图 6-16）。鱼的流线型身体就是为减小外形阻力而生的。

第二个阻力是波浪阻力，只要水面上出现波浪就会产生波浪阻力。

头和身体推开水时会产生波浪，而且游泳过程中手伸出水面再划进水中的时候也会产生阻力，所以为了减少划水的次数，就要尽可能拉长划水一次前进的距离。

谈得极端一点，如果你一直潜在水下不出水面，就不会受波浪阻力。

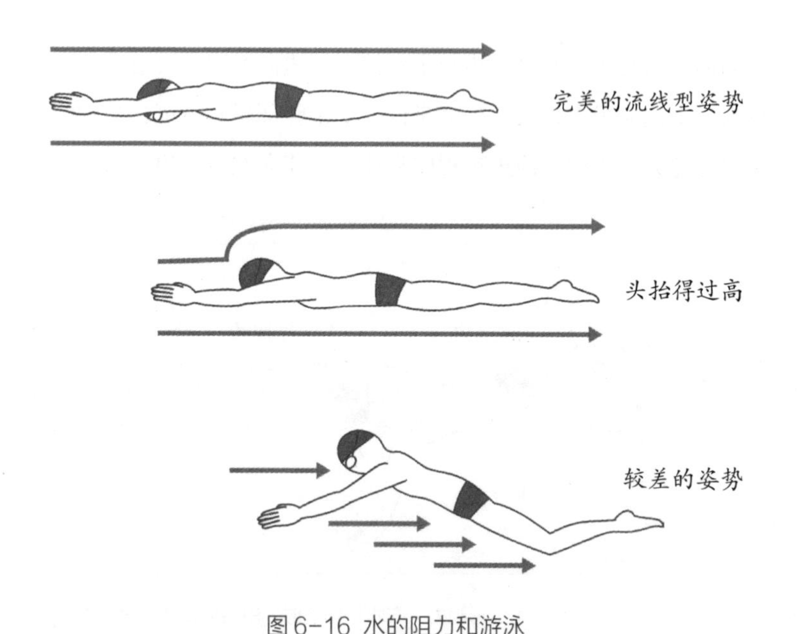

图 6-16 水的阻力和游泳

1988 年首尔奥运会上，日本选手铃木大地就在仰泳比赛中潜泳了 30 m（现在规定运动员最多只能潜泳 15 m），最终夺得金牌。游泳比赛转播中，解说员说了好多次“潜住”，意思就是这种游法可以减少波浪阻力，使选手快速地往前游。

第三个阻力是摩擦阻力，即皮肤和水、毛发和水之间产生的阻力。虽然摩擦阻力不能通过训练来减小，但是可以通过剔除体毛、穿泳衣和戴泳帽来克服。

2009 年诞生了 37 个游泳世界纪录，当时无论男女选手，穿的都是一种连体的橡胶材质的紧身泳衣，这种泳衣可以最大限度地降低摩擦阻力（现在国际游泳比赛中禁止选手穿这种泳衣）。不过现在的竞赛泳衣为了减少外形阻力，会提升腿部设计，使选手抬腿更顺畅。

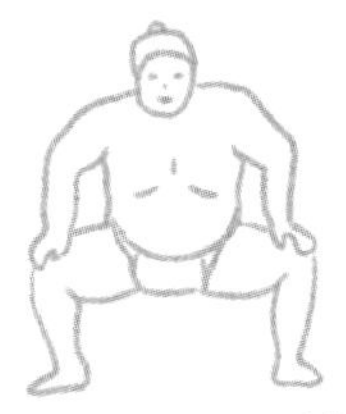

49 为什么冰面是滑的

速滑、冰壶等在冰上举行的冬季比赛非常多。但令人意外的是，目前为止，关于为什么冰面是滑的，似乎没有一个明确的解释。

◎冰受到压力融化成水

最早提出来并且在很长一段时间内都被广泛认可的说法是冰受到压力就会融化变成水。这一点可以从图 6–17 的复冰实验中得到证实。

将一个装着水的水瓶两端用细绳绑起来，然后挂在冰上。不久细绳就会嵌入冰中，并且很快就会穿过冰块。这时冰块并没有被分割成两块，而是再一次粘在一起。绳子之所以会嵌进冰块就是因为冰受到了因水瓶的重量而产生的压力，与绳子接触的部分受到压力，熔点下降，冰就会融化。

当绳子通过后，来自绳子的压力消失，熔点恢复，水就会再次冻结，两块冰于是再次粘到一起。综上所述，受到压力融化的冰，如果所受压力消失就会再次冻结，这种现象就叫作“复冰现象”。

这种现象与冰的密度比水小，也就是冰会浮在水面上有关。给冰施加压力，效果等于通过压缩提高冰的密度，冰受到的压力越大，要变成密度更大的水，熔点就会下降。

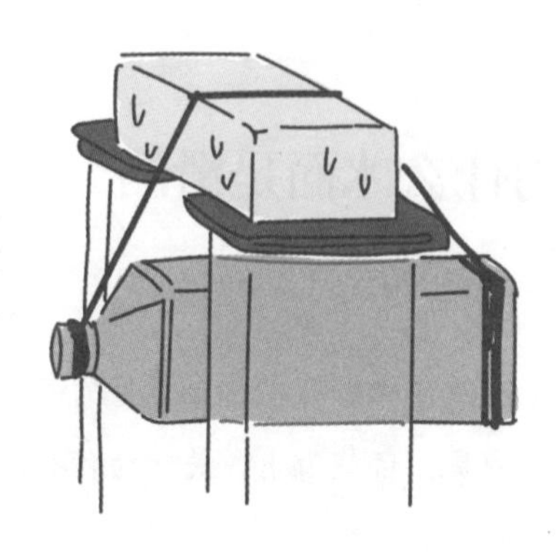

图 6-17 复冰实验

要通过压力使冰的熔点下降 1 ℃，需要 120 个大气压。冰刀对冰的压力大约为 500 个大气压，所以换算可得冰刀能使冰的熔点下降 3.5 ℃。

但是如果温度在 −3.5 ℃ 以下时，就无法通过压力使冰融化。然而花样滑冰的最佳温度是 −5.5 ℃，速滑的最佳温度是 −7 ℃，并不满足这一说法的条件。

◎冰刀与冰摩擦生热使冰融化

接下来出现的说法是，冰刀与冰的表面接触，摩擦生热使冰融化。这种说法得到了诸多学者的支持，现在也是非常有竞争力的一种说法。

但是这种说法也有它的缺点。因为冰融化成水，起到润滑作用，那么越滑，摩擦力就越小，最终没有摩擦力也就没有摩擦生热，显然这中间有矛盾的地方。用这个说法似乎也无法解释在冰面上站着不动也非常滑的原因。

◎冰对纵向力的抵抗力强，对横向力的抵抗力弱

这是 1976 年冰雪物理学家对马胜年提出的。他认为冰对纵向压力的抵抗力非常强，但对横向压力的抵抗力弱，所以受到横向力时，冰的结构很容易被破坏，所以非常滑。这是因为构成冰的水分子，从上往下一层一层紧密地排列了无数个六边形，因此冰刀产生的横向力很容易破坏冰的分子结构，所以冰的表面非常滑。（见图 6–18）

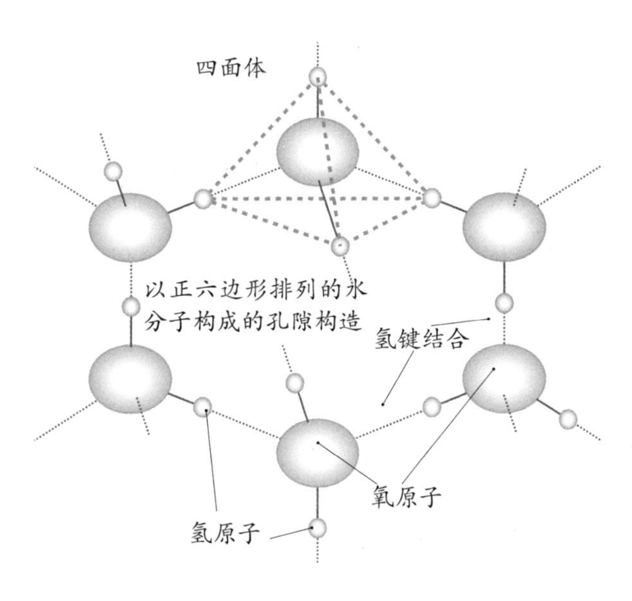

图 6–18　冰的结晶：使用氢键连接，缝隙较多

因此，冰上垂直于六棱柱晶体的面非常滑。

在 1998 年长野冬奥会上，对马胜年做了一次大胆的尝试，铺设滑冰场地时，他把六棱柱形晶体紧密地排列在一起，减小了冰面的摩擦力。最终清水宏保选手在比赛中创造了新的冰上纪录，国民

运动大会 31 个项目里的 26 个项目纪录得到刷新。

◎冰面水分子的构造松散，容易活动

2018 年出现了一篇题为《从分子角度探索冰面为什么很滑》的论文，从分子层面探讨了冰面很滑的原因。

一般来说，一个水分子通过氢键与其他三个水分子结合就构成了完整的冰的晶体。但是这篇论文指出，如果温度远低于 0 ℃，那么冰表面的一个水分子只连接其他两个水分子。而且冰表面的水分子会活动，自由地与其他分子相互吸引或相互远离，就像舞池里扔满的滚珠一样。

之前也有过温度降到 0 ℃ 以下，表面会有薄薄的一层水的说法，《从分子角度探索冰面为什么很滑》中提到的“冰表面的物质，与其说是液体，不如说是气体”的论述与之相似。

可见关于“冰表面为什么很滑”的问题至今还没有一个定论。

50 花样滑冰中的五周跳到底有多难

花样滑冰中的跳跃一般都是起跳时速度慢，之后越来越快。如果仔细看就会发现，旋转速度变化的过程中，运动员手臂的状态也会发生变化。

◎通过伸开、收拢双臂，控制旋转速度

花样滑冰中，选手跳跃和旋转的时候，会收拢双臂，或者将双臂举过头顶来控制旋转的速度。令人意外的是，这背后的物理原理居然与天体运行的法则是相同的。这就是德国物理学家开普

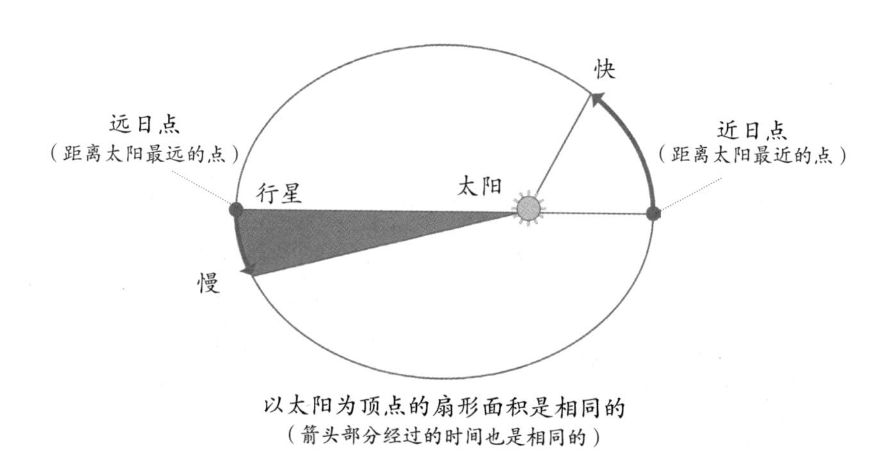

图 6-19 太阳与地球（开普勒第一定律）

勒发现的开普勒第一定律，还可以表现为角动量守恒定律。太阳与围绕太阳周围运动的行星的连线，在单位时间内扫过的扇形面积是相同的，所以行星距离太阳近的时候公转速度快，距离太阳远的时候公转速度慢。（见图 6–19）

◎开普勒第一定律和旋转的关系

通过一个实验就可以验证开普勒第一定律。在绳子的一端拴上一个物体，然后让绳子穿过一根细管。手持细管，让绳子上的物体转起来。之后在用力不变的情况下，慢慢地缩短伸出细管的绳子（缩短旋转半径），就会发现物体的转速越来越快。反之，如果伸长留在细管外的绳子，物体的转速就会下降。（见图 6–20）

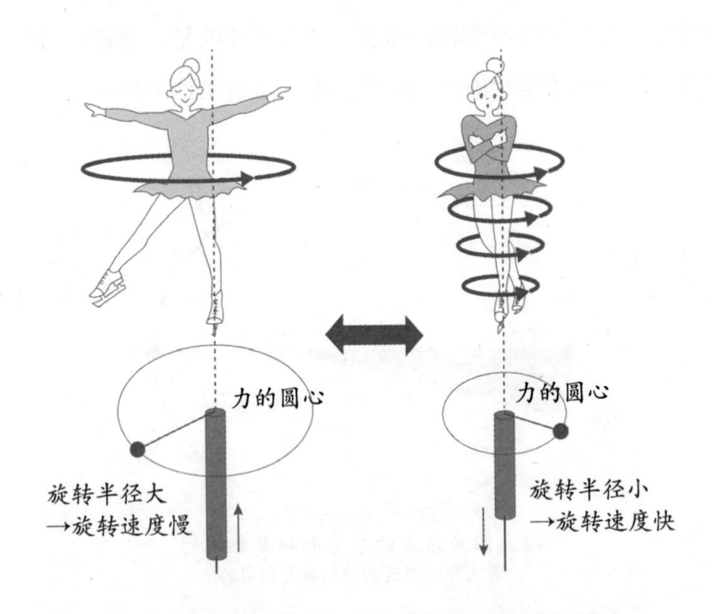

图 6–20 开普勒第一定律的实验与花滑中的旋转动作

这和花滑选手手臂状态变化的作用是一样的。在旋转中，最开始选手的手臂是伸展状态，之后会收拢手臂，抱在胸前，旋转速度就会越来越快。反之，如果把胳膊伸开，增加旋转半径，速度就会降下来。在跳跃结束后落在冰上时以及旋转结束后，选手们都会伸展双臂，抬起腿，这不仅是为了保持平衡，也是为了降低旋转速度，更快地停下来。

◎跳跃的种类

花滑中起跳脚和旋转周数决定跳跃的种类。截至 2020 年 1 月，周数最多的跳跃是四周跳，起跳脚不同，难度从易到难依次为后内结环跳→后内跳→后外结环跳→飞利浦跳→鲁兹跳→阿克塞尔跳（见图 6–21）。目前为止，以前脚为起跳脚的四周跳还没有人挑战成功。不分起跳脚，还没有人成功完成五周跳。

图 6–21 阿克塞尔跳

羽生结弦曾在2018年平昌冬奥会后的记者见面会上以跳绳为比喻介绍了阿克塞尔四周跳和五周跳的难度。他提到，跳跃四周半跳到两周时，就会有跳绳四摇的感觉；而五周跳中，在第三周就感觉像跳绳跳了五摇。他还说阿克塞尔四周半跳是他的梦想。

◎如何才能完成五周跳

羽生结弦的四周跳，跳跃高度将近60厘米，滞空时间达到0.73秒。研究显示，人在空中每秒最多旋转7周。用这个数值乘以羽生结弦的滞空时间0.73秒可得：7周×0.73秒=5.11周。可见五周跳是可以实现的。

除了无限逼近人类旋转的极限之外，如果能把滞空时间拖长至0.8秒以上，也有可能实现五周跳，这样看来，还差关键的0.1秒。如果能突破技术，加快助跑速度、提高起跳发力，或者减少助跑到起跳之间的能量消耗，也许就能够多争取到这0.1秒。

现在的花滑规则规定，如果跳跃缺少部分不到1/4周，那么也可以认定是完成了跳跃，所以如果能在空中完成4.75周的旋转，就可以判定为五周跳成功（见图6–22）。

近年无论男子组还是女子组，运动员们的水平上升都非常明显。想来在不远的将来，我们就能看到阿克塞尔四周跳和五周跳了。

①每秒旋转 7 周（人类极限），滞空时间 0.73 秒，可完成五周跳。

②跳起高度超过 60 厘米，每秒旋转 6 周以上，滞空时间超过 0.8 秒，也可完成五周跳。

图 6-22 五周跳的条件

51 撑竿跳为什么能跳那么高

撑竿跳选手们要过杆，如何将重心甩到身体下方十分重要。当然撑杆的弹性也非常重要，这已经成了一个发表尖端材料研究成果的主要阵地。

◎过杆的各个步骤

如图 6–23 所示，我们可以将撑竿跳分为三个过程来看。首先是 ① 和 ②，这个过程中运动员手持撑杆跑到起跳点，然后将动能转化成撑杆的弹性势能；接下来是 ③ 和 ④ 过程中弹性势能转化为运动员的机械能；最后 ⑤、⑥ 和 ⑦ 是运动员巧妙地使用器械体操的技巧过杆的过程。其中 ② 向 ③ 以及 ④ 向 ⑤ 的转化十分重要。

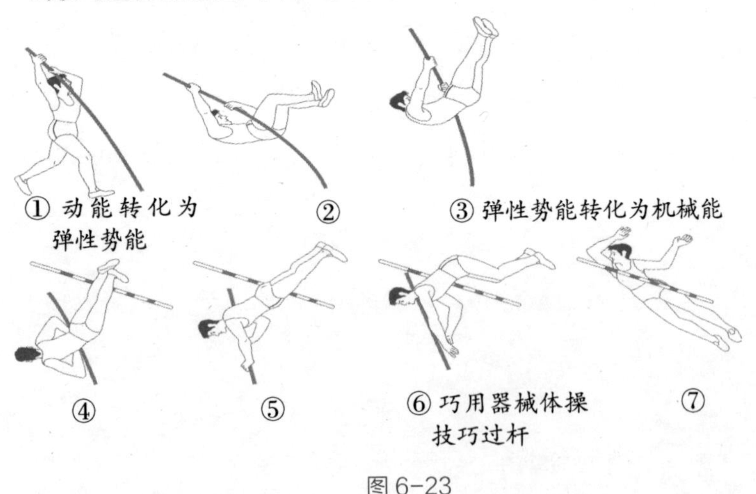

图 6–23

◎撑杆从竹竿到铁杆再到玻璃纤维杆的变化

使用撑杆进行跳高的运动由来已久。19 世纪使用的撑杆是胡桃硬木制成的，之后发展成质地更加柔软的竹竿。到 1904 年第一次现代奥运会（雅典奥运会）上，撑竿跳成了正式的奥运会项目[①]。后来撑杆的材料又发展成更加坚硬的铁，但是当时世界纪录并没有得到很大的提升，4.87 m 似乎已经成了极限。

20 世纪中期开始，富有弹性的玻璃纤维制成的撑杆投入使用，世界纪录得到很大的提升。这是一种将玻璃纤维分散加入热硬化塑料中，硬化成型的撑杆，叫作GFRP（玻璃纤维增强塑料，俗称玻璃钢）。除此之外，用于撑杆的材料还有碳纤维制品CFRP（碳纤维增强塑料）。1962 年打破撑竿跳世界纪录 4.87 m 时用的撑杆就是玻璃纤维制品。现在世界纪录已经达到了 6.18 m，可以说撑杆跳世界纪录的提升史就是撑杆的改良史。

◎力学上的能量守恒定律

这里我们来看一下 ① 和 ③ 过程中体现的能量守恒定律。设运动员的质量为m，以v的速度向前跑，所获动能为 $\frac{1}{2}mv^2$。如果这些能量全部转变为弹性势能，之后又全部转化为机械能，就是mgh。这里g是重力加速度，h是高度。基于能量守恒定律来看，可知 $\frac{1}{2}mv^2=mgh$。

从上述公式计算可知$h=\frac{V^2}{2g}$，可见这个过程中运动员的质量

---

① 特别是 1936 年德国柏林奥运会上，西田修平和大江秀雄两人共享铜牌的故事十分有名（纪录为 4.25 m）。他们之所以能获得如此优异的成绩，也是因为日本能产出优质的竹子。

m并不会产生影响，所以在撑竿跳中选手的体重差并不会体现在成绩中。接下来将 $g=9.8\ m/s^2$，$v=10\ m/s$ 代入公式中计算可得 $h=5.1\ m$。

这里只要选手的重心在距地面 1 m 以上的位置，选手就可以跳过 6.1 m 的高度。就算将撑杆的弹性全部发挥出来，也必须遵守能量守恒定律。但是世界纪录远远超过这个高度，这又是为什么呢?

◎器械体操的技巧

请看图 6–23–⑥。仔细看选手过杆瞬间的情形就会发现，身体重心比杆低。这个过程中选手巧妙地使用了器械体操的技巧，首先在保持身体平衡的同时用撑杆将身体垂直向上撑，当身体接近杆的时候就转动身体，把脚送过杆。随后快速地弯曲折叠身体，让上半身和下半身成直角，通过这种方式，把身体的重心抛向身体外。

如果某位选手身高 180 cm，过杆时使身体折叠呈 90°，选手身体的重心就处于杆以下 15 cm 处。保持身体弯曲姿势，做一个类似身体绕杆旋转的动作，旋转半轴，选手身体就能完全过杆。

大家在观看这个戏剧一般华丽的比赛时，也不要忘了体会思考物理带来的乐趣。

第七章

“球技”中的物理

52 以什么角度才能把球投得更远

小学体测中有一项是扔垒球，擅长的人和不擅长的人的差距一目了然。那么到底有没有什么诀窍能够提升这一项的成绩呢？我们从物理的角度来看一下。

◎以抛物线轨迹飞行

“物体抛出后，运动轨迹是什么样的？”这个问题是 17 世纪时弹道学领域（主要研究炮弹飞行轨迹）广泛研究的课题。要想准确地击中目标，到底应该瞄准哪里呢？

只要是抛出去的物体，不管是炮弹还是孩子扔出去的球，都像图 7–1 所示的一样，运动轨迹是一条曲线，这条曲线就是“抛物线”。

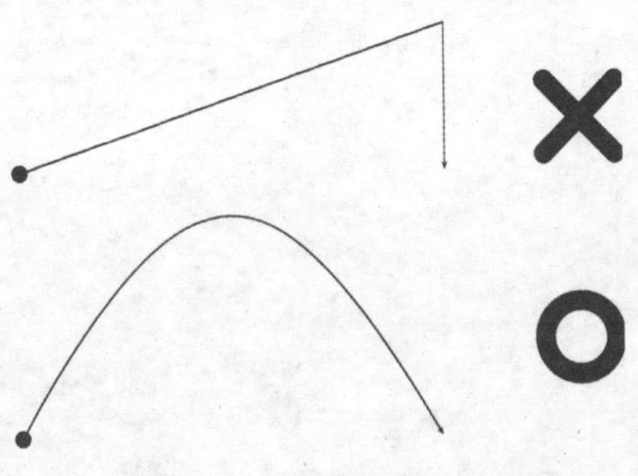

图 7–1 物体沿抛物线飞行

◎初始角度非常重要

如果沿水平方向将球扔出去，受到重力的作用，球很快就会落到地面上。但是这并不意味着要将球扔向正上方，如果扔向正上方，虽然落地之前球在空中的时间比较长，但是球会直接落在原地，飞行距离为零。

要想扔得远，就必须将球扔向斜上方，这样一来，不仅拉长了球在空中的时间，飞行距离也比水平扔出去的球更远。

如果不考虑空气阻力，以一定的速度将球扔出去，扔球的角度和地面成 45° 时，球的飞行距离最远（见图 7–2）。

另外，如果角度相同，初始速度越快，球飞得越远。

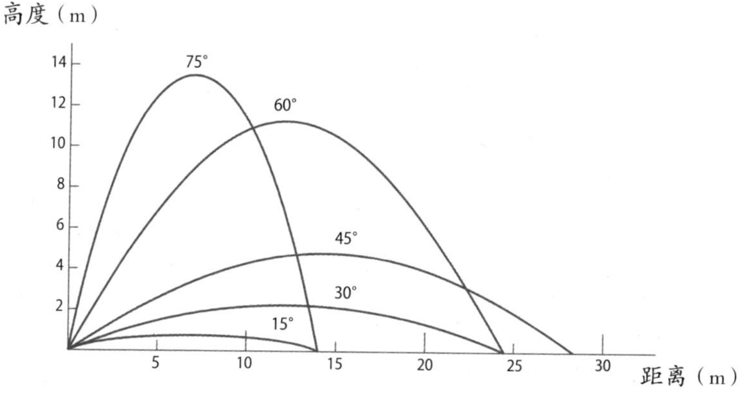

图 7–2 投球的角度和飞行距离的关系

◎将空气阻力计算在内，情况如何

空气阻力会对空中飞行的物体产生影响，阻碍其飞行，使之速度下降。飞行速度越快，接触到的空气越多，所受的空气阻力就越大（见图 7–3）。此外，横截面积越大、重量越小的物体受到的空气阻力的影响更大，速度下降更快。

有计算显示，以 100 km/h 的速度将球抛出去后，受到空气阻力影响，球的飞行速度大概是初始速度的一半。棒球比赛中，选手投球的距离一般可达 130 m。

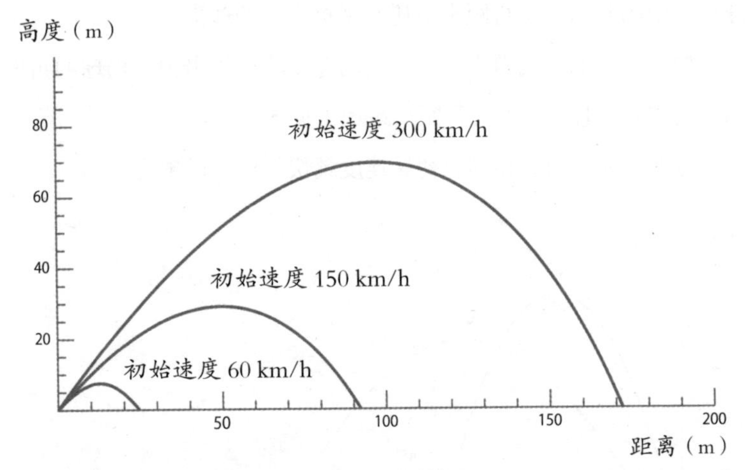

将空气阻力计算在内，分别以60 km/h、150 km/h、300 km/h的初始速度，将球沿 45° 方向抛出后球的运动轨迹。初始速度为 300 km/h 时，运动轨迹不是标准的抛物线；但是 60 km/h 时，运动轨迹基本与抛物线相符。

图 7–3 将空气阻力计算在内后，球的飞行轨迹

也就是说，投球手到击球手之间 18.44 m 的范围内，球的速度基本不会下降，但是外野全垒打和外野回传球的时候，空气阻力会对球的飞行造成影响。

另外，乒乓球飞行到 6.6 m 时速度会下降一半，但是考虑到乒

乓球台只有 2.74 m，所以乒乓球受到的影响并不大。简单来说，无论哪种情况，飞行距离较短的情况下，空气阻力产生的影响可以忽略不计。

◎人的投掷能力

与其他的动物相比，不管是从距离上看，还是从精准度上看，人的投掷能力都非常出色。因为人类进化到可以靠双腿行走，所以大幅度地用力挥臂，可以把小石头之类质量比较小的物体扔得很远。

退役的棒球选手铃木一郎回传球的初始速度能达到 150 km/h（约 40 m/s），以这样的初始速度将球投出，就算初始角度只有 17°，也能直接将球投到距离外野 90 m 左右的本垒。

以上就是从物理学的角度找到的能将球扔得更远的诀窍。

但是实际生活中，要将球投得和预想的一样远，仅靠理论还远远不够，这一点大家应该是不言自明的。

53 扔出去和踢出去的球在飞行过程中为什么会拐弯

球飞行过程中会拐弯，这应该可以算得上是球类运动的精妙之处吧。本节我们就来看一下，通过使球旋转起来，画出弧形运动轨迹的马格努斯效应。

◎什么是“奥林匹克进球”

足球比赛中，角球不通过其他运动员直接射进球门就叫作“奥林匹克进球”。1924 年巴黎奥运会上，面对冠军乌拉圭队，亚军阿根廷队只能默默擦眼泪，但是在同年其他的比赛中，阿根廷队能一雪前耻，依靠的就是关键时刻戏剧性的“奥林匹克进球”[①]。

从球场角球区域来看，球门的两根柱子基本上是重合的，所以一般来说，想在这里射门难度应该非常大。所以常见的做法是，先把球传给球门前的队友，然后由队友用头球或者踢进球门。

◎马格努斯效应

球的运动空间中必然存在着空气。空气中运动的球，如果发生旋转，就会受到来自空气垂直于前进方向的力，这就是马格努

① 命名为“奥林匹克进球”并非因为是在奥运赛场上进的球，而是因为这是与奥运会冠军对阵时进的球。

斯效应。

首先需要大家明确一点：球所受到的力的方向与球前侧的旋转方向相同。由于黏性的作用，空气会被拖在球的表面，因此球的后侧就产生了能够拐弯的反作用力（见图 7–4）。

要实现“奥林匹克进球”，在踢角球的时候，落脚点需要在距离球门远的一侧，并且想画出的弧线越大，就要让球旋转得越快。尽管如此，如果没有刚刚好的飞行距离和飞行角度，这一切都无法实现，所以“奥林匹克进球”可以称得上是“神迹”。

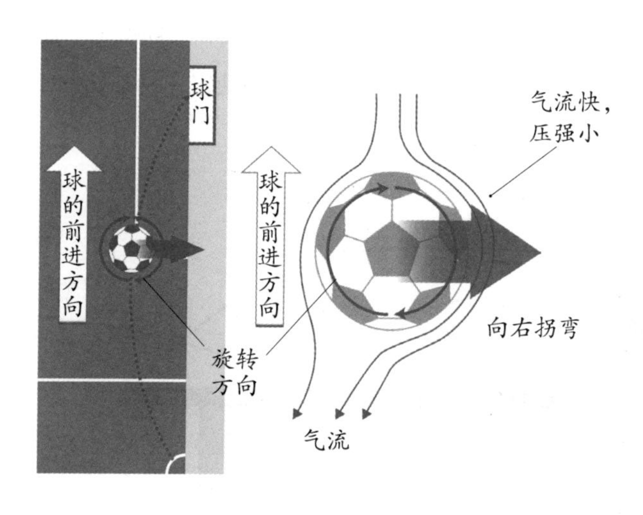

图 7–4 角球和马格努斯效应

◎乒乓球运动的魅力

奥运会项目中，乒乓球是最小的球类项目，因为它的重量很轻，所以马格努斯效应等力学效应在这项运动中都体现得尤为明显。因此我们在观看乒乓球比赛时不仅能体会到速度感，还能欣赏到高超的技术。

用球拍擦过乒乓球的上侧，就能打出上旋球，球过网之后很快就会落在球台上。相反，如果切球就会打出下旋球，球的弧线就会变长，球过网后会一直飞向对手直到落在球台上（见图 7–5）。如果球旋转的速度快，反弹时反射的角度也会发生变化。这就是乒乓球的魅力所在。

奥运会级的乒乓球比赛可以说是选手之间相互欺骗的赛场。击球瞬间，巧妙地操纵球拍，就能控制球前进的路线和球的旋转，用马格努斯效应改变运动轨迹，就等于改变了球反弹时的反射角度。如果接球的一方，看到球的运动轨迹之后再做判断就来不及接球，所以在对方击球的瞬间就要看清楚对方的动作，或者根据对方击球的声音一瞬间做出预判。

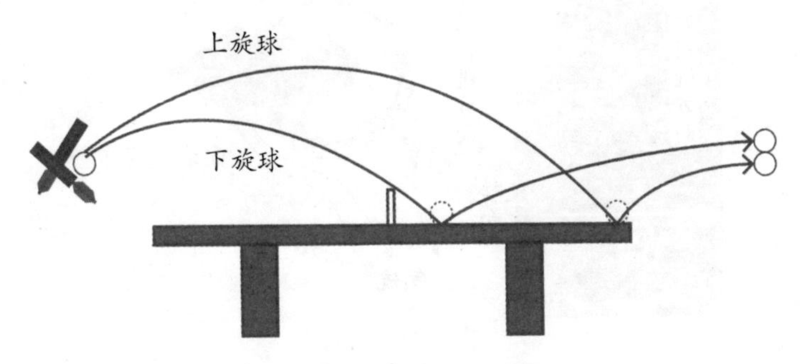

图 7–5 乒乓球的上旋球与下旋球

◎棒球的投球手也会利用马格努斯效应

马格努斯效应也常用于棒球比赛中。因为棒球的球棍很细，所以略微改变投球轨迹，就会给击球手带来很大的影响。为了骗过击球手的眼睛，投球手经常会投出一些变化球。

如果投出上旋球，受到马格努斯效应影响，球会很快落地。

曲球是上旋比较强，容易落地的一种变化球，如果让球发生水平旋转，球的运动轨迹就会向左或者向右弯曲。右撇子的投球手投出的球偏向右旋转叫作内曲线球，相反，偏向左的叫作滑球（见图7–6）。

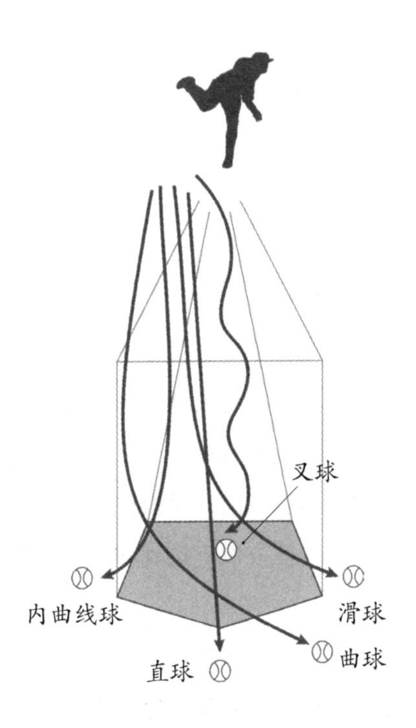

图 7–6 棒球投球的主要种类（右手投球）

◎不旋转的球

也有人会反其道而行之，投出一些没有旋转的球。因为不旋转的球的后方会形成不规则的气流，所以球的运动轨迹会发生轻微的摇摆。棒球、乒乓球和足球中都有不旋转球，特别是足球中不旋转的蝴蝶任意球，甚至无法预判球到底会拐向哪个方向。

54 让球旋转起来是什么意思

> 橄榄球和美式足球中，为了将椭圆形的球稳稳地传给队友，就需要让球旋转起来。其中的原理和旋转中的陀螺不会倒下的原理是一样的，也就是陀螺效应。

◎似是而非的球类运动

英式橄榄球和美式橄榄球都与足球同根同源，但不管是规则还是战术都完全不同。两者最大的区别就是传球规则。

英式橄榄球运动中，如果将球传给自己前方的队友就会被判为向前传球犯规，所以运动员只能低手投球，向自己左后方或右后方的队友传球。如果接球的队友没有接到球，球落在自己的前方，又会被判为前掉犯规。

相反，美式橄榄球允许向前传球，也允许向前传球时使用豪爽的过肩传球。但是接球的选手必须直接接住传球，不能让球落在地上，球一旦落地就要从传球的位置重新开始。

◎让椭圆形的球转起来

这样看来美式橄榄球和英式橄榄球是完全不同的球类运动，但是两者还有一个最大的共同点，就是比赛中用的球都不是圆球，而是形状特别的椭圆形球[①]。这种球在抱球跑的时候很方便，但是如果球的旋转方式比较奇特，那么接球也会比较困难。因此在这两种球类比赛中，运动员传球一般都会让球沿着长轴旋转。

英式橄榄球比赛中，传球距离较近的情况下，选手虽然也会用到直传或者平行传球，不让球发生旋转，但最常用的还是螺旋球。传球过程中灵活地翻转手腕将球甩出去，就能让球沿着长轴旋转，以稳定的姿态飞出去。

相应地，美式橄榄球中使用肩上投球时，会将椭圆形球的长轴对着投出的方向，在投球的同时给球一个非常大的力，让球快速地沿着长轴旋转起来，产生一个完美的螺旋球。美式橄榄球的球体两侧会画上白色的线，如果螺旋球的投球动作规范，那么从远处看过去时球体上的白线基本不会晃荡，甚至让人感觉不到球在旋转。

◎陀螺效应——常见的陀螺原理

让椭圆形的球沿着长轴旋转，球之所以能保持稳定的飞行姿势，其原理和转起来的陀螺不容易倒的原理是相同的。

如果不受外力影响，自由旋转的物体会保持其旋转的方向和旋转的稳定性，这就是角动量守恒定律。如果受到外力影响，使旋转轴发生倾斜，那么就会出现“岁差运动”。旋转速度越快，岁差运动越小越慢。就像陀螺旋转过程中，如果旋转速度比较快，陀螺就会处于直立状态；但是如果旋转速度降下来，岁差运动会变大，最终陀螺就会倒下（见图 7–7）。

---

① 英式橄榄球质量为 400 ~ 440 g，长度为 280 ~ 330 mm；而美式橄榄球的质量为 397 ~ 425 g，长度为 272 ~ 286 mm。相比之下，英式橄榄球更大更重。

综上所述，旋转中的物体，旋转速度越快，越容易保持稳定姿态的效应就是陀螺效应。美式橄榄球和英式橄榄球中的螺旋球都利用了这一原理来保持传球过程中球体的稳定。

此外，陀螺效应还可以用于其他场景中。

飞碟也是通过让圆盘快速地旋转，来保持其相对气流的稳定姿态，并获得稳定的升力。扔飞碟的时候，让旋转轴垂直于飞碟，用手腕灵活地将飞碟甩出去是投好飞碟的诀窍。还有悠悠球、转盘子等需要让物体发生旋转的竞技表演，其实都利用了陀螺效应。

火箭和人造卫星能够保持稳定的姿势也利用了陀螺效应。让机体旋转起来，就能使旋转轴始终朝着宇宙空间某个固定的方向。宇宙空间中没有空气阻力，所以旋转保持的时间长，这也是维持飞行器姿态稳定最经济的方法。

其实我们居住的地球一直保持着自转，所以地球本身就是一个巨大的陀螺。地球的旋转轴稳定地指向北极星的方向。我们之所以知道北极星指向北方，以及每个季节太阳高度不同，背后都是陀螺效应在发挥作用（见图 7–8）。

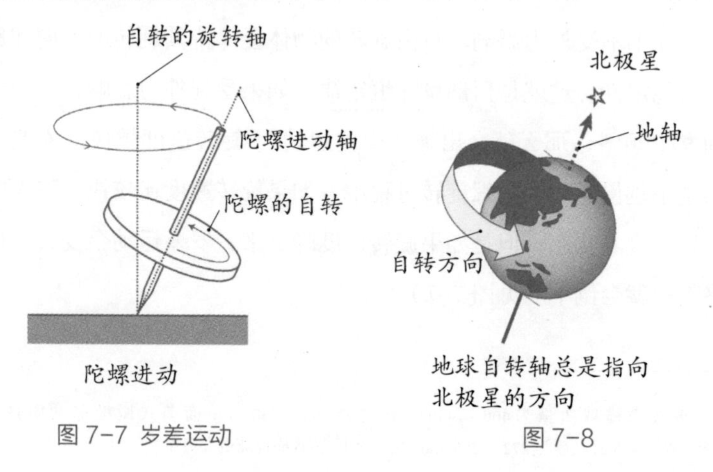

图 7–7 岁差运动　　图 7–8

55 把棒球打到“棍芯”上是什么意思

打到球棍的“芯”上，棒球会沿着直线运动，手也不会有发麻的感觉。球棍的“芯”与球棍中发生的振动密切相关。那这里的“芯”到底在什么位置呢？

◎打到“芯”时的快感

一位号称本垒王的职业棒球运动员在退役的时候讲了这样一段话：“我作为一名击球手奋斗到现在，不是为了金钱、人气和荣誉，而是因为忘不了球打到棒球‘芯’上的一瞬间，内心升起的‘漂亮！本垒打！’的那种快感。”

从他的话里我们可以了解到球打到棒球“芯”上的感觉有多棒，同时也能读到就算是一流的击球手，要想完美地击中棒球“芯”也并非易事。

◎打到“芯”时的振动

用球棍击球时，运动员手握球棍较细的一端，也就是握柄部分，用较粗的一端去击球。无论什么物体，与球发生撞击的时候，都会产生振动。球棍击球时，产生的振动沿着球棍传到握柄上，运动员就会有“发麻感”。这种振动不仅不会带来舒适感，而且还会造成能量的损耗，所以振动越小越好。

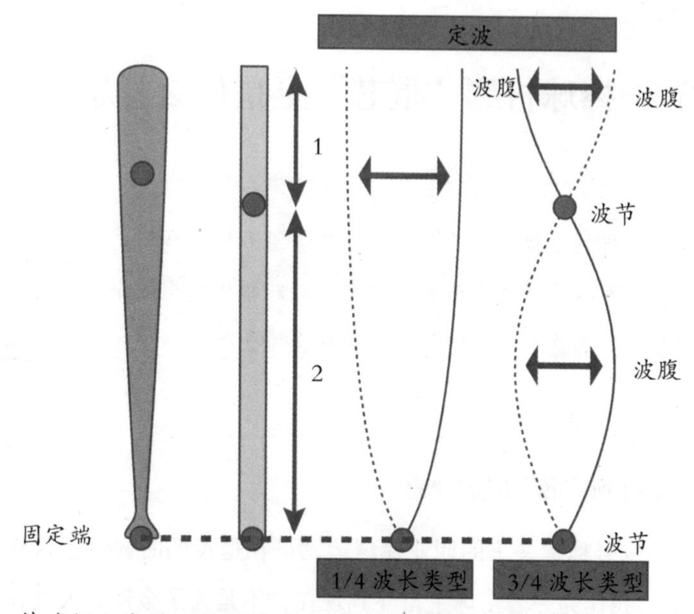

棒球棍之类的细长棍子发生振动时的定波。图中描绘了1/4 和 3/4 两种波长类型。在 3/4 波长型中，如果振动物体是棒球棍之类形状不规则的物体，波节的位置虽然很难确定，但一定是存在的。

图 7–9

一般来说物体振动的形式比较复杂，但是如图 7–9 所示，棒球棍等细长物体的振动形式比较简单。脑海中呈现出棒球棍的形状，很容易就可以想象到它的振动形式。手握在握柄处，所以握柄处振幅为 0，这里就是一个波节，这个部位又叫作固定端。同时，球棍较粗的一端，没有物体来抑制振动，所以就是振幅最大的“波腹”。一个完整的波由“波节”“波腹”“波节”“波腹”构成，图中间和右侧的形状就是两个例子。

类似形式固定的波叫作“定波”。当然，振动激烈的时候，

“波节”“波腹”的位置会发生变化。

首先当击球位置在握柄之外的任意位置时，就会产生图中的“1/4 波长”的定波，随后产生的定波就如右侧所示的是“3/4 波长”的定波，球棍内握柄之外的部分会出现一个“波节”。这种情况下，如果击球点在球棍内的“波节”上，就不会产生振动。相应地，没有多余的振动，手也就不会有发麻的感觉。这就是击球点在球棍的“芯”上的感觉。如果是粗细一致的棍子，基本可以推断出从握柄开始计算，球棍的 2/3 处应该就是球棍的“芯”。但是棒球棍的粗细并不一致，要正确计算“芯”的位置也比较困难，不过我们可以确定的是，球棍上一定有这样一个点，就是我们说的“棍芯”。

要确定棒球棍“棍芯”的位置，也就是“波节”的位置，首先要明确棒球棍的形状和材质等相关信息，其次在实际比赛中，就算击球位置偏离了“棍芯”，如何保持冲击力也很重要。综合考虑后可知，比起木质的棒球棍，金属棒球棍的“棍芯”更大。

◎用一个实验体验定波的效果

我们在这里用一个实验来证明“波节”的存在。如图 7–10 所示，先准备一个长度为 140 cm 的锁链。

如果你是右撇子，就用左手拿着锁链的上端，也就是固定端，之后用尺子从下向上试着击打锁链。

实验之前，很多人会认为“击打最下方时，右手受到的冲击最大”。但是实际击打过程中发现，击打最下端时，锁链发生的形变最大，所以右手受到的冲击最小。那么我们预测“冲击最大的位置应该是锁链的重心位置”。但是击打锁链重心位置之后发现，冲击仍然比较小。最后，我们发现最下端和重心之间有一个点是反作用力最大的地方，这就是前面说的“棍芯”。

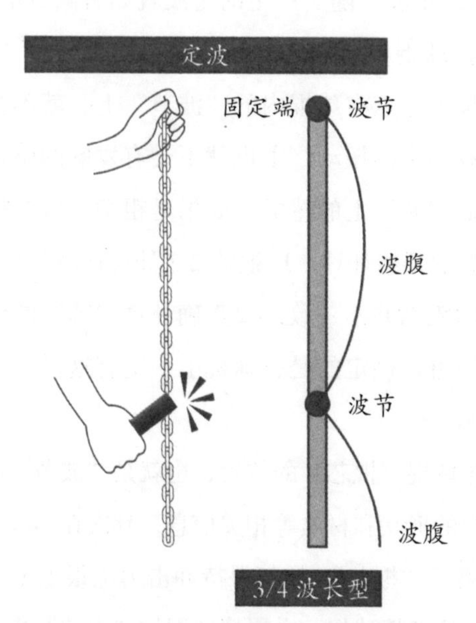

这是一个通过敲击长垂下来的锁链，寻找反作用力最大的位置的实验。波为敲击时产生的 3/4 波长型的定波。本图与图 7–9 相反，上端是固定端。

图 7–10

实际上敲打这个点时，形变很难传到上下相邻的地方，所以反作用力就切切实实地传到了手上。这也让我们知道，能量很难从锁链的上下方向逃走。

56 排球的持球规则是选手和裁判之间的相互欺骗吗

击球时，“不能让球停下来”这个规则真的能完全得到遵守吗？球变形后会反弹出去。围绕这个问题，我们从力学角度来看一下，这个过程中运动员和裁判之间是如何相互欺骗的。

◎排球让人感到不可思议的地方

排球比赛中，如果用手或者手腕将球完全截停之后，再击球就会被判为持球犯规。这到底是什么意思呢？

如图 7–11 所示，球撞在平板之类的物体上，反弹出去的过程中，球前进方向的动能会因为球的变形转化成弹性势能，相应地，前进速度也会变慢。

当动能最终完全转化为弹性势能时，球的前进速度就会降为 0。

之后随着形变的恢复，球就会向反方向运动。理论上来看，当变形完全恢复后，球也会回到初始速度，向反方向运动。

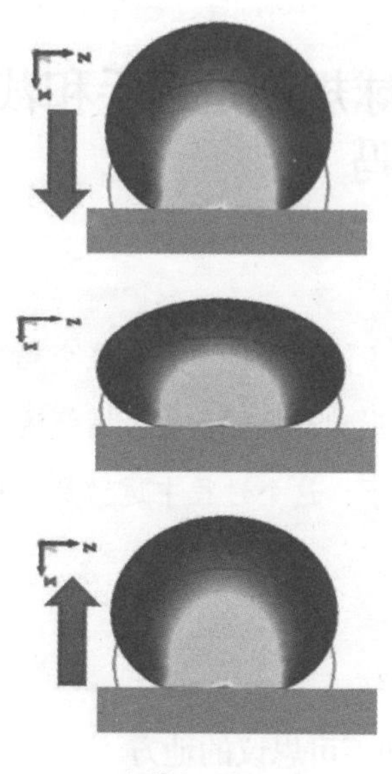

图 7-11 球体反弹时的情况

◎反弹过程中的操作

首先来计算一下反弹所需要的时间。运动员接球时，排球运动的平均时速大约为 40 km[①]，也就是秒速 10 m。设排球的形变为 10 cm，那么可得反弹过程时长为 0.01 s。

如果在这个时间范围内，球自然地反弹，向反方向飞出去，就不算犯规。也就是说，最终球静止的时间在 0.01 s 以下就是合规的。

但是在这样理想化的反弹条件之下，无法控制球的方向和反弹

---

① 男选手扣球速度可达 150 km/h。

的强度。所以选手们为了在不犯规的情况下尽量延长控球时间，就要不断地进行练习。

◎选手和裁判的“相互欺骗”

二传手用手指把球向上托的操作中，与接球时相比，反弹之后速度会变慢，而且运动方向会由接近水平变为垂直向上，所以这个操作非常微妙，胳膊的屈伸、手腕和手指的活动也都复杂地参与其中。

实际上，为了不给裁判留下“让球停下来了”的印象，许多名将的操作非常巧妙。奥运会级别的一流二传手，会在比赛一开始就试探好当天裁判判定犯规的限度。

◎羽毛球华丽表演背后的谎言

在使用球拍的竞技比赛中，裁判会关注运动员是否使球在球拍上停留。如果裁判认定球在球拍上停滞，那么运动员就会被判为拖带犯规。

但是类似羽毛球那样击球瞬间时速可达 400 km 的运动，被判拖带的界限非常模糊。因为羽毛球的速度超过秒速 100 m，比新干线还快。这种情况下，如果用球拍给羽毛球加速，球拍移动 10 cm，所用时间仅为 0.001 s。很多人可能会认为在这么短的时间内，想操控羽毛球根本不可能，但这对能进奥运会的选手来说只是家常便饭。虽说选手们确实是在极短的时间内操控羽毛球，但是如果球拍的拉线没有一丝偏转，那选手能操纵羽毛球的时间就会更短，这对奥运选手来说也是一个难题。因此选手们在拉线的时候，会有意扭转拉线。这种局部的缓冲可以为选手争取千分之一秒的控球时间。如图 7–12 所示，选手们会控制球反弹的方向。

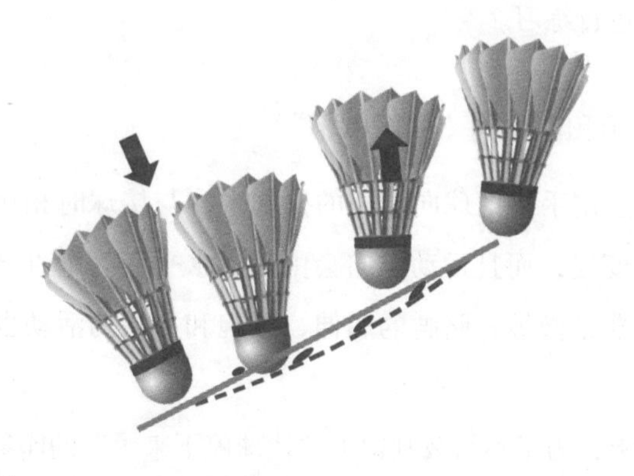

有意地将羽毛球拍拉线扭转，就能有效地为运动员争取操纵羽毛球的时间。

图 7–12

执笔人

编号为执笔篇目

[日] 左卷健男

1 2 5 7 14 17 22 24 28 34 36 39 40 45 49

东京大学讲师
原法政大学教授

[日] 田崎真理子

6 25 26 35 37 41 44 52

学研实验科学塾讲师
川越护理专门学校讲师

[日] 长田和也

8 12 27 30 42 46 47 48

东海大学现代教养中心助教

执笔人

编号为执笔篇目

[日] 夏目雄平

4 15 23 29 31 33 51 55 56

千叶大学名誉教授（物理）

[日] 藤本将宏

3 9 11 13 16 21 32 50

兵库县三木市立自由之丘东小学教员

[日] 山本明利

10 18 19 20 38 43 53 54

北理大学理学部教授